有了这样的能力，做好并不困难

赵昶水 / 编著

能力决定一切，拥有这些能力，
足以使你在生活、事业、交际等各个领域出类拔萃！

人，本来就不是完美无缺的。既有所长，也有所短。
要想让每个人最大限度地发挥各自的才能，成为得力的合作者，
就要扬其所长，避其所短，让他们在各自擅长的领域里大显身手。

新华出版社

图书在版编目（CIP）数据

有了这样的能力，做好并不困难 ／ 赵昶水编著. --北京 ： 新华出版社，
2016.7
ISBN 978—7—5166—2686—3

Ⅰ．①有… Ⅱ．①赵… Ⅲ．①成功心理－通俗读物 Ⅳ．①B848.4-49

中国版本图书馆CIP数据核字(2016)第164000号

有了这样的能力，做好并不困难
编 著：赵昶水

选题策划：许 新　　　　　　　责任编辑：沈文娟
封面设计：木 子　　　　　　　责任校对：刘保利

出版发行：新华出版社
地　　址：北京市石景山区京原路8号 邮　编：100040
网　　址：http://www.xinhuapub.com
经　　销：新华书店
购书热线：010-63077122
中国新闻书店购书热线：010-63072012

照　排：宇 天
印　刷：永清县晔盛亚胶印有限公司
成品尺寸：170mm×240mm
印　张：15　　　　　　　　字　数：200千字
版　次：2016年9月第一版　　　印　次：2016年9月第一次印刷

书　号：ISBN 978—7—5166—2686—3
定　价：36.80元

挑战生存的能力：善于在现实中寻找答案

在生活中，有许多人不明白如何才能成为成功者。他们曾问过自己：我努力过，我勤奋过，我思考过，可到头来我还是一无所获，原因究竟在哪儿呢？

尽管大多数人能够不断地付出，不断地寻找和尝试走向成功的方法，可大部分人还是失败了。有太多的人在现实面前不得不低下高傲的头，随着时间的流逝他们往往会淡忘自己曾经的理想与追求，他们中也只有一少部分人，会在偶然的瞬间记起自己曾经有过的美好想法与宏伟计划，但也只能在生活的感伤中躲在无人的黑夜中默默地流下几滴自我怜悯和惋惜的眼泪，他们往往会对自己说："接受现实吧，现实就是这样，我没有办法改变自己的命运。"

然而现实真的如他们所认为的那样吗？如果现实就是让人们甘于平庸，那么那些成功者的成就是哪里来的？其实我们每个人从出生的那一天开始上帝就给予了我们相同的权利，那就是生命，至于我们要怎样完成生命这一个完全属于自己的作品，那就要看我们自己的努力

与付出了。

事实上，我们每个人都有机会和权利活出成功的自己，过自己想要过的生活，成功并不是没有规律可寻的。当然成功的道路也不会一帆风顺，每个人都会经历坎坷，都会遇到种种困难。在遇到困难的时候有的人会选择逃避，有的人甚至会选择自暴自弃，可有的人却选择了面对，选择了坚持、选择了去克服、选择了去战胜困难。

一名成功者，不仅勤奋、努力、爱思考，他还具备了其他一些成功者所具备的素质。当然了，成功因素并不是与生俱来的，也是后天努力形成的。在他们还未为自己的事业奋斗前，他们也曾问过自己：为什么我努力了，但仍然一无所获。这样的问题，在他们通过一步步的学习、努力，直至成功时，他们得到了答案，成功需要具备一些成功的能力。这些能力就是本书所讲述的：

一、善于摆正心态，敢于面对现实

二、善于控制自己，拥有过硬的自制能力

三、善于控制自身的情感

四、善于激发自身的能量

五、善于把压力变成推动力

六、善于以变应变

七、善于给自己最强的自信心

八、善于把精力投入自己的强项上

九、善于专注地做好一件事

目 录

■前言 挑战生存的能力：善于在现实中寻找答案 ⋯⋯⋯⋯⋯⋯ 1

第一种能力
善于摆正心态，敢于面对现实

■坦然面对失败 ⋯⋯⋯⋯⋯⋯⋯⋯⋯⋯⋯⋯⋯⋯⋯ 3

■不惧怕挫折 ⋯⋯⋯⋯⋯⋯⋯⋯⋯⋯⋯⋯⋯⋯⋯⋯ 10

■永不言弃 ⋯⋯⋯⋯⋯⋯⋯⋯⋯⋯⋯⋯⋯⋯⋯⋯⋯ 13

■成功的过程也是磨炼的过程 ⋯⋯⋯⋯⋯⋯⋯⋯⋯ 17

■不因失败而失败 ⋯⋯⋯⋯⋯⋯⋯⋯⋯⋯⋯⋯⋯⋯ 21

第二种能力
善于控制自己，拥有过硬的自制能力

■持之以恒 ………………………………… 27
■培养良好的习惯 ………………………… 30
■坚信自己 ………………………………… 35
■珍惜时间 ………………………………… 40
■成为时间的主人 ………………………… 45

第三种能力
善于控制自身情感

■控制自己的内心 ………………………… 53
■活出真自我 ……………………………… 57
■要有火一样的热情 ……………………… 61
■懂得激励自己 …………………………… 65

第四种能力
善于激发自身能量

■突破自我 ……………………………… 71

■发现自身的潜力 ……………………… 74

■激活生命的种子 ……………………… 78

■潜能无限 ……………………………… 82

■提升生命的潜能 ……………………… 84

■做纯粹的自己 ………………………… 89

第五种能力
善于把压力变成推动力

■用乐观的心态面对困难 ……………… 95

■不向困难低头 ………………………… 103

■用失败磨炼自己 ……………………… 107

■不要停留在失败之中 ………………… 111

■不断超越自己 ………………………… 114

■敢于迎接挑战 ………………………… 118

第六种能力
善于以变应变

■ 思路决定出路 ···················· 127

■ 突破思维定式 ···················· 132

■ 敢于冒险 ························· 136

■ 用另一个角度看问题 ············· 138

■ 放开你的思维 ···················· 141

■ 要有创意 ························· 143

■ 调整自己的思想 ················· 146

■ 思想决定成败 ···················· 151

第七种能力
善于给自己最强的自信心

■ 认清自己 ························· 159

■ 相信自己 ························· 163

■ 给自己信心 ······················ 168

■ 树立坚定的信心 ················· 172

■ 我们都是最好的 ················· 176

■ 战胜自卑 ························· 180

第八种能力
善于把精力投入自己的强项上

■ 做喜欢的事 …………………………………… 191
■ 钉好每一枚纽扣 ……………………………… 194
■ 敬业才有事业 ………………………………… 198
■ 精益求精的精神 ……………………………… 202
■ 不断学习 ……………………………………… 206

第九种能力
善于专注地做好一件事

■ 做好每一件事 ………………………………… 213
■ 做到最好 ……………………………………… 216
■ 注重每一个细节 ……………………………… 219
■ 精于业 敬于业 ……………………………… 221
■ 一次只做一件事 ……………………………… 224

第一种能力
善于摆正心态
敢于面对现实

　　对于那些不停地抱怨现实恶劣的人来说，不能称心如意的现实，就如同生活的牢笼，既束缚手脚，又束缚身心，因此他们常屈从于现实的压力，成为懦弱者；而那些真正成大事的人，则敢于挑战现实，在现实中磨炼自己的生存能力，这就叫强者！

　　在此，我们可以得出一条成大事的经验：适应现实的变化而迅速改变自己的观念，最重要的是需要我们有聪慧的头脑和灵活的眼睛，做生活的有心人。

　　在现实的压力之下，如果你能改变观念，适时而进，可收到事半功倍的效果。

坦然面对失败

成功就是我们一次次失败后的结果，失败了并不可怕，可怕的是失败后我们不能总结经验，并失去重新站起来的勇气和信心。要记住失败也会给我们带来帮助，只要我们用一种积极的心态去面对，相信我们一定会取得成功。

有一个叫思帕基的小男孩,学校里有很多人都看不起他，因为他的各门功课都不理想。到了中学，他的成绩分数也只能停留在个位数，在整个学校里他的成绩也是最差的一个。体育成绩也是一般，虽然参加了校队，可是在他参加的一次仅有的比赛中，他还是输得一败涂地。

在成长过程中，他遭受了无数次的失败，可他并没有放弃自己，他正确地面对困难，找到了自己的长处。他对一件事情特别感兴趣，那就是画画。思帕基一直相信自己拥有不凡的画画才能，并为自己的作品感到自豪。但是，除了自己以外，他的那些涂鸦之作从来都得不到他人的肯定。上中学的时候，他向一家杂志社投寄了几份自己的作品，但最终还是没有被采纳。尽管有很多次退稿的痛苦经历，思帕基从来没对自己的作品失去过信心，他下定决心以后一定要成为一名画家。

在以后的日子里，他一次次地尝受着失败给他带来的痛苦。生活对思帕基来说简直就是黑夜。后来，在他四处碰壁时，他尝试用画笔来描绘自己平淡无奇的人生经历。他以漫画语言的方式讲述自己的人生，讲述着自己一次次失败的经历。他的画也融入了自己的执着和追求。

出乎意料的是，思帕基创造的漫画竟然一炮走红，连环漫画《花生》很快就风靡全世界。熟悉思帕基的人都知道，他正是漫画作者本人——日后成为大名鼎鼎漫画家的查尔斯·舒耳茨——早年的生活真实写照。

我们每个人的一生中都会遇到许多次失败，只要我们认真地积累经验，用正确的方法去面对，其实失败一点也不可怕。

想取得成功的人都在为自己的理想不断地付出努力，在奋斗当中失败是没有谁能够避免的事情。在通往成功的道路上会有种种的困难等着我们，我们会经历很多次失败，尽管我们不喜欢有太多这样的经历，可也要坦然地面对现实。人生就是这样充满了酸甜苦辣，每个人都会有这样的经历。所以失败也并不是多么恐怖的事情，它在每一个人身上都有发生。只要我们用乐观的态度去面对，用积极的行动去解决，你就会发现失败会给我们的人生增加很多不可缺少的经验和勇气。

在伦敦的一家科学档案馆里，珍藏着英国物理学家法拉第写了10年的一本日记。这本日记非常独特。它的第一页是这样写的："对！必须转磁为电。"

在以后每一天的日记除了写好每天的日期之外，写的都是同一个词语："NO。"这段话从1822年一直写到1831年，这期间就是整整10年，每篇日记都是一样。

只有在这篇日记最后一页，才改写上了一个新词："YES。"

这究竟是怎么回事呢？

原来，在1820年丹麦物理学家奥斯特发现：金属线通电后可以使附近的磁针转动。这引起了法拉第的思考：既然电流能产生磁，那么磁能否产生电流呢？法拉第决心研究磁能否产生电的课题，并下定决心用实验来回答这一切。

10年过去了，经历了无数次的失败后法拉第终于成功了。他是历史上第一个用实验证实了磁也可以产生电的人，这就是著名的电磁感应原理。正是这个著名的原理，发电机才得以诞生。

法拉第在这本写了10年的日记当中，真实地记录了他经历的失败和直到最后他取得了成功的过程。无数个"NO"就是他经历的无数次失败；而那最后的一个"YES"就是他最终取得的成功。

爱迪生说过："失败也是我所需要的，它和成功一样对我有价值。"多次的失败并不代表我们永远不会取得成功，而是表明我们还需要时间。没有任何人的成功是一帆风顺的，总要经历各种坎坷挫折和磨难，其实正是因为这些经历，才使我们的成功更具有意义。

对一个真正渴望成功的人来说，失败是一件很正常的事情，我们都要学会坦然地接受，因为失败并不能打倒我们。反而会更加坚定我们取得成功的信心，真正能打败我们的只有自己，只要我们拥有一个

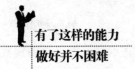
坚信成功的心，那么成功就会在失败后不远的地方等着我们。

所以我们不要害怕失败，我们应该认真对待发生在自己身上的每一次困难，把失败看成一种收获，一块可以稳定我们取得成功的基石。

有一个年轻人，他最大的希望就是能够去当地一家很有名的微软公司工作。他认为凭借自己的工作能力，一定会在这家公司里有所作为。他时刻都在关注这家公司的信息，只要刊登这家公司的报纸他都会买回家仔细看，可让他有些失落的是，这个公司一直以来都没有刊登过关于招聘方面的信息。他不想再这样浪费时间了，必须尽快地到这家公司工作。他决定去这家公司应聘，尽管这家公司没有刊登招聘的广告，可也要去试一试看。经过努力他终于有机会见到公司的经理了，他把自己想要来公司上班的想法讲给了那名经理听。可是经理并没有太多地理会他，因为像他这样的人经理并不是第一次见到，所以经理就找了个借口推托，经理说："对不起，我今天还很忙，等以后有机会我们再谈吧。"

年轻人回到家后，回想了他去公司说的每一句话，他感觉自己并不是没有机会，他决定再去试一下。于是一周后他又来到了这家公司，虽然这次还是没有成功，不过他觉得自己明显已经比上次表现好多了，似乎那名经理对他也有了些好感。在面对一次次失败后他还是没有放弃，他一次次地约见那名经理，并不断地完善自己，每次他都非常诚恳地把自己对工作的态度说给那名经理听，经过一段时间的努力，他终于说服了那名经理。他成功了，他被正式地录取了而且还成为了这家公司重点培养的对象。

"这个世界上永远没有免费的午餐"，要想取得成功就必须要付出代价，没有不经历失败的成功者。

在我们失败的时候有没有这样想过："其实这也没什么大不了的，既然我们在这里跌倒了，为何不尝试一下在从这里爬起来的滋味呢？这只是一次让自己更加成熟的机会而已。"当我们失败后应该仔细查找跌倒的原因，总结经验后继续前进，对别人的议论和看法不要在意，那是别人的事，只要我们鼓足勇气，一直向前就一定会到达自己所定下的目标。

有这样一个年轻人，他是一个渔夫的儿子，在他19岁那年他带着所有的积蓄来到波士顿开始自己创业。他用500美金和一个荷兰的小商贩一起开了一家布店，可是没过多长时间两人就散伙了，结果第一次创业就以失败告终了。没过多久他找了一间小房子，和自己的妻子开了一家小店，经营一些针织类的小商品。但这些东西的利润太小，回购率也太低，根本就没什么钱好赚。结果没过多久就只好关门了。这次失败又让他失去了一大半的本钱。没过多久他又办起了一个布店，以为自己对这方面有些了解，可以熟练地经营应该不会有什么风险了，可事实并非如此。当他开业后才发现事情并没有他想的那么简单，当地人更喜欢去一些老字号店，对他这个新的店铺根本就不感兴趣，所以生意还是冷冷清清。

就在他对自己的事业感到有些迷茫的时候，美国的西部掀起了淘金热，他动了心想去试试，于是又把自己的店铺卖给了自己的一个老伙计，带着妻子开始了淘金的旅程。等他到了加利福尼亚平原才发现

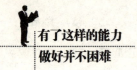

淘金的人遍地都是，为了有所收获他们你争我抢、钩心斗角，想要在这里立足并不是一件简单的事。于是他决定不去淘金，可是他发现这里有更大的商机。他用剩下的一点钱在当地开了一家小店，经营一些热门的货物。

一开始，他发现一种用来淘金的工具平底锅卖得非常好，就购进了一大批，以低价销售出去。由于这个工具很好用，需求量也很大，很快就都卖空了，他因此赚了一笔钱。他用这笔钱购进了更多淘金者用的工具，一律都是低价出售。没过多久他的小店就因为物美价廉，在淘金者中有了声誉，来他店里光顾的人越来越多，他也就积累了不少的资金。

尽管生意做得不差，可他还是没有放弃发展，他想让自己的事业做大。最好的地点就是在东部，只有在那些商务中心开店才是最好的选择，才是一流的商店。一年以后他又把自己的店转让了出去，带着妻子回到了东部，在哈弗山开了一家布店。当时因为店面很小，但所有商品用的都是明码标价，这样的销售方法很受顾客的欢迎，每天小店的客流量都很大。可是因为利润低开销大，每个月的收入都很少，赚来的钱也只能够付房租。没过多久就坚持不下去了，他又一次面对失败。就在他再次陷入绝境的时候，他的老伙计找到了他，想和他一起在波士顿经营一家店。老伙计和他说了自己的想法后，他也很感兴趣。因为他从一次次失败中总结出经验，想要把自己的事业做大就必须去最繁华的地方去经营，他打算去纽约。老伙计听完后也同意他的看法。

他在纽约租了一家店面，开始了他商业辉煌的第一步，在经营这家店的时候，他对每个方面都加强了调整，其中服务和推销的方法都进行了改善。经过他不断的改进，十年以后他的店遍布大半个纽约商街，成为了美国最有名的百货公司。

对于那些真正想取得成功的人，就没有所谓的失败。"成功就像一位贫乏的教师，它能交给你的东西很少；我们在失败的时候学到的东西最多。"所以说我们并不要惧怕失败，失败是成功之母。那些没有取得成功的人，是没有过失败的人。

在我们遇到失败的时候，一定要坚强起来，用乐观的心态去面对它。不管是失败还是成功，都是我们人生的一部分，关键是，如果你在失败的时候，不能把它看作是一次磨炼自己的机会，反而把它当作一次没有道理的失败，那你注定会被失败击垮。只有那些甘心承受失败，拿不出勇气战胜失败的人，才是真正的失败者。

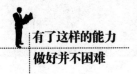
不惧怕挫折

能否承受挫折是决定一个人能否成功的重要因素之一。

想要创业，除了必须具备管理能力、交际能力之外，很重要的一点是要有承受挫败的能力，也就是说当面临困难时可以做到心态平静，尽快让自己从挫折中摆脱出来，坚强地面对挫折，微笑前行。

如果你有了承受挫折的能力，那么你也就具备了做老板的资格。

一个老板承受的压力远远比一个打工者大很多，打工者如果工作做不好，顶多失去的是一份工作、一份薪水，离开这家公司还可以去另外一家。老板就不同了，他创办一个公司，投入了大量的人力、物力、财力，可以说那是他的全部心血，一旦公司破产，他辛苦几年的资本就一去不回了。此时的他，处于一个艰难的关口，再创业，没了本钱，去给别人打工，又很难屈就。

所以，一些老板在失败后甚至会跳楼自杀，却很少有员工因为失去一份工作而自杀的。

遇到挫折就结束生命，只能说明这些老板还没有承受挫折的能力，但成功的老板大多有着良好的心理素质，他们无不是经过无数次的挫败后才成就伟业的。

俄罗斯诗人普希金说："大石挡路，勇者视为进步的阶梯，弱者视为前进的障碍。"

勇者和弱者的区别就在于对待挡路的大石的心态不同，积极乐观的人蔑视困难，消极悲观的人害怕困难。蔑视和害怕的心态中就体现了两种不同的心理素质，也决定了两种不同的结局。

台湾灯饰大王林国光就是一个能够承受巨大挫折的人物，当初他从大哥手里接管家族的灯饰公司时，公司已经是个空壳，负债累累的巨大困境像洪水一样扑向他。此时，大哥又得了肺癌，这更是雪上加霜。然而他遵从大哥最后的愿望，不能宣告破产，不能逃避债务，而要维护家族的荣誉。远在美国闯荡的林国光就这样被家里临时的变故召了回来，此时他感到肩头重担如山。

此时，林国光已经37岁了，如果没有家里的变故，他完全有希望在美国闯出自己的一片天地，然而为了家族的产业，他毅然回来了。他首先变卖了自己的房子，还了一部分现金债务，然而还有一大笔钱需要筹集。他找来所有的债权人，告诉他们目前只有两个选择：一是起诉，让大哥带病坐牢，可钱依然还不起；二是给他6个月时间，从第7个月开始，每人每个月还一点，直到还清所有的钱。最后，债权人们选择了第二条路。

此后，林国光开始了艰难的还债生涯，他规定自己每天工作10个小时以上，在生活上也十分节省。每天下班回家，看到妻子陪着自己吃简单的饭菜，望着窗外的万家灯火，他真的想跳下去一了百了。但是，就是在那些痛苦的关头，他屡次告诫自己：撑下去，一切会好起

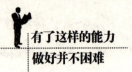
来的。

就这样他撑了过来，到41岁那年，他终于还清了所有的债务，公司的效益也慢慢好起来，而后，他抓住时机发展企业，最终成了灯饰大王，名噪一时。

对许多人来说，挫折是痛苦的，要战胜它是艰难的，可是如果你换一种思考方式，把挫折当成成功之路上的必然经历，当成一种锻炼和新的开始，又怎会觉得难以跨越呢？

其实，很多时候，挫折就像牛痘，我们在忍受疼痛的同时也让自己的身体产生了免疫能力，我们完全可以从中受益，得到一些意想不到的收获。因此，在挫折面前，与其痛苦不堪、一蹶不振，不如学着以微笑拥抱挫折，让自己勇敢地接受风雨。

老人牌麦片公司的董事长威廉·史密斯就是个勇于承担挫折的人。当初，公司收买了一家电子计算机商店和一家化妆品商店，但是慢慢地生意出现了问题，不久就彻底关闭了。当时，威廉·史密斯却微笑着对下属说："我要求你们能去冒险，而不是安于现状，本公司的高级管理人没有一个没有犯过类似的错误，因为做事业就像滑雪，不栽跟头永远也做不大。"后来，公司终于渡过了难关，成为一家实力雄厚的大公司。

创业的路上布满荆棘，是否有一个良好的心理素质，有勇气承受挫折的打击，是一个人能否成功的重要因素。因此，从现在开始，不管你有没有做老板的打算，都要锻炼自己承受挫折的能力，不要害怕挫折和失败，挫折和失败并不可怕，可怕的是你被它们打倒。

永不言弃

曾经有人这样说："成功的秘诀第一个是坚持到底，永不放弃；第二个就是当你想放弃的时候，再照着第一个秘诀去做：坚持到底，永不放弃。"

这句话以诙谐的语气向人们宣告了一个坚持、不放弃就可以成功的真理。永不放弃透着一种对人生永不服输的精神，那是一种不怕困难，敢于挑战并战胜困难的决心和勇气，这是人们成功的巨大武器。丘吉尔是一个永不言弃的人。他一生中最后一次演讲也是最精彩的一次是在牛津大学的一次毕业典礼上。

当时，很多人在台下等待伟大的丘吉尔先生的出现，终于，他从后台走上讲台，他的步伐那么从容有力，他的笑容那么亲切坚毅，人们不禁为之欢呼起来。良久，等如潮的欢呼和掌声停息之后，丘吉尔慢慢地说："关于刚才人们要我说一下我成功的秘诀这个问题，我个人觉得有三个：第一是，决不放弃；第二是，决不、决不放弃；第三是，决不、决不、决不放弃！我的演讲结束了。"

说完他就走下了讲台。整个会场一片寂静，稍后，掌声如潮水般在整个礼堂响起。

英国前首相温斯顿·丘吉尔一生都以自己的行动向人们展示了他永不言弃的坚强决心。他是与斯大林、罗斯福并立的"三巨头"之一，是在第二次世界大战期间，带领英国人民取得反法西斯战争伟大胜利的民族英雄，是矗立于世界史册的一代伟人。

他一生中经历了许多次政治上的升沉起伏，但每次他都以不屈不挠的信心和永不放弃的决心战胜艰难险阻，最终登上了辉煌的顶峰。

他政治上的对手曾说："丘吉尔是大家一致认为永远不能成为首相的人，可是他同样也是在这危急关头获得大家一致欢迎，成为唯一可能出任领袖的人。""人们不能不喜欢他，他的才能与朝气是无与伦比的。"

在反法西斯战争时期，丘吉尔总是在其演讲中发出战斗到底的誓言，这表达了英国人民的心声。他说："我们将永不停止，永不疲倦，永不让步，全国人民已立誓要担负起这一任务：在欧洲扫清纳粹的毒害，把世界从新的黑暗时代中拯救出来……我们想夺取的是希特勒和希特勒主义的生命和灵魂。仅此而已，别无其他，不达目的，誓不罢休。"正是这番话，正是这种强烈的不放弃的精神使得丘吉尔在世人心目中成为英国人民的民族英雄。

《星期日泰晤士报》评论说："今天，温斯顿·丘吉尔不仅是英国精神的化身，而且是我们的坚强领袖。不仅英国人，整个自由世界都对他无比信任。"

多么简短而有力的话语：永不放弃！也许伟人之所以成为伟人的原因，很大程度上就在于他们有着永不放弃的精神！

20世纪40年代，约翰逊创办了《黑人文摘》，可是当时它的前景并不被看好。为了扩大该杂志的发行量，约翰逊积极地准备做一些宣传活动。

经过一番考虑，最后他决定组织撰写一系列"假如我是黑人"的文章，他想，如果能请罗斯福总统夫人埃莉诺来写这样一篇文章肯定能收到最好的效果。于是约翰逊便给她写了一封非常诚恳的信。

令约翰逊惊喜的是，信寄出不久他便收到了罗斯福夫人的回信，但是信中说，她太忙，没时间写这篇文章。约翰逊想："也许我写得还不是太好。"他相信如果自己再坚持写一封信，也许她能被打动而抽出一点时间给自己回信。于是他又给她写去了一封信，但她回信还是说太忙。约翰逊并未退缩，他想也许罗斯福夫人真的很忙，但是她总应该有点时间为我写这篇文章，即使她只有一个小时的时间，我想这就足够了。以后，每隔半个月，约翰逊就会准时给罗斯福夫人写去一封信，言辞也愈加恳切。

功夫不负有心人，不久，罗斯福夫人因公事来到约翰逊所在的芝加哥市，并准备在该市逗留两日。约翰逊听到此消息，喜出望外，他知道机会已经来到。他立即给总统夫人发了一份电报，非常诚恳地请求她趁在芝加哥逗留的时间里，给《黑人文摘》写一篇文章。

罗斯福夫人收到电报后，没有再拒绝。她觉得，无论多忙，她再也不能说"不"了，如果再说"不"的话，她自己就会感到不好意思，因为面对这样一个诚恳又坚持到底的人，她觉得有必要为他写这篇文章。

罗斯福夫人的这篇文章发表之后，《黑人文摘》杂志在一个月内，发行量由2万份增加到了15万份。后来，他又出版了黑人系列杂志，并开始经营书籍出版、广播电台、妇女化妆品等事业，终于成为闻名全球的富豪。

富兰克林说："唯坚持者能成其志。"历史上无数人的事例都说明了这一点。曾被500家电影公司拒之门外的席维勒·史泰龙在被拒绝了1500多次后，仍然坚持追逐自己的理想，后来他以拳王阿里的奋斗史为素材写下剧本《洛基》，在经历了1885次回绝后，他终于获得成功，成为风靡全球的风云人物；606药物的发明者欧立希，在经历了605次失败之后，仍然矢志不渝地坚持自己的理想，终于在最后的第606次实验中，迎来了成功；中国保险界第一位由营销员晋升为高级经理人的于文博，为了签一笔保单，被拒绝了53次，最后他的真诚终于给他带来一次成功的机会。

一个人只有具备了执着的信念、永不放弃的精神，才能同生活中的风风雨雨作斗争，才能跨越艰难、走向成功。在面临困难时，打败我们的往往不是别人，而恰恰是我们自己。我们缺乏坚持一下的勇气，也就因此远离了本可以实现的成功目标。成功者不过是爬起来比倒下去多一次而已。面对挫折的态度，往往是成败的关键。坚持到底、永不退缩，是取得成功的决定因素。许多天资聪颖、颇具才能者之所以失败，就在于关键时刻他们放弃了，以致功亏一篑。坚强而有毅力的人绝不轻言放弃。

成功的过程也是磨炼的过程

成功的过程，不仅是一个磨炼肉体的过程，也是一个磨炼精神、意志的过程。这个过程让一个人失去自我，又脱胎换骨成另外一个自我。这个过程就是吃苦的过程。

有一个资产几十亿的大富豪说："什么叫老板？老板就是磨盘旁边那个用焊枪焊上去的永远卸不了磨的毛驴。"

这句话说明了做老板的艰辛和无奈，老板要吃多少苦，恐怕员工很少知道，他们只看到老板风光、威风的一面，却看不到他们背后辛酸的血泪。他们白天要尽力装出一副精神抖擞的样子，好让自己的下属充满信心地好好工作，到了晚上回到家，他们就像霜打的茄子一样疲惫不堪，只有这个时候他们才能卸下一天的面具，放松一天绷紧的脸庞，在黑夜里与自己真实的灵魂对话。

可是，不管有多苦，他们的内心深处都觉得无怨无悔。

如果你要做老板，就要让自己学会吃苦。

俗话说："吃得苦中苦，方为人上人。"孟子也说："天将降大任于斯人也，必先苦其心志，劳其筋骨。"不能吃苦，必然无法面对此后的风雨之路，也必然面临摔跟头的危险。

许多成功人士都吃过很多苦。万向老总鲁冠球年轻时吃过不少苦，但他能吃苦，不怕苦，意志坚强的他终于靠着自己的双手打出了一片天地。幼年时，他过着贫穷的生活，为了减轻父母沉重的生活负担，初中毕业后，鲁冠球就回家种起了庄稼，过起了普通农民的生活，从此告别了读书学习的生涯，失去了学习的机会，因此鲁冠球决心要混出个人样来。

他发誓一定要走出面朝黄土背朝天的生活。后来，鲁冠球到一个铁业社当了个打铁的小学徒——学打铁。打铁是非常苦的活儿，一个15岁的乡下孩子起早贪黑地抡铁锤，一天下来早已体力不支，手上全被磨出了血泡，生疼生疼的，而工钱却少得可怜。但鲁冠球内心却非常满足，他庆幸自己终于找到了一份不错的职业。可是，就在鲁冠球刚刚学成师满，有望晋升为正式工人时，却遇上了三年困难时期，企业、机关精简人员，他家在农村，自然被"下"放回了家。鲁冠球感到自己又一次陷入了失意的境地。

困顿的时期最容易弱化人的意志，让人产生放弃理想的念头，但是此时的鲁冠球却斗志昂扬，他不相信自己就是这个命。于是，很快他把注意力放到了关乎老百姓吃饭的磨面机上。但是他手里没有钱，好在亲友们得知鲁冠球的这一想法后，都很信任他，也很支持他，纷纷回家翻箱倒柜，勒紧裤腰带凑了3000元，买了一台磨面机、一台碾米机，办起了一个没敢挂牌子的米面加工厂。

然而，好景不长，不多久，上面就给他挂上了"不务正业，办地下黑工厂"的罪名，并派人查封了他的加工厂。鲁冠球和乡亲们一面到处托人求情，一面"打一枪换一个地方"，夜晚抬着机器跑，一连换了三个地方，最后还是在劫难逃，鲁冠球这条"资本主义尾巴"被揪住了，并且被狠狠地砍了一刀。加工厂被迫关闭，机器按原价三分之一的价钱拍卖，这样一来，鲁冠球负债累累，只能卖掉刚过世的祖父的三间房。当时，鲁冠球尚未成家，就折腾完了祖辈的家业，落得倾家荡产的地步。

鲁冠球似乎被这无情的打击击垮了，他很长时间都吃不下饭、睡不好觉，整日闭门不出。但是，鲁冠球没有就此消沉，没有埋怨命运，而是重新挑起生活的重担，奋然前行。没过多久，鲁冠球又开了个铁匠铺，为附近的村民打铁锹、镰刀，修自行车，这个铁匠铺吸引了周围的许多男女青年，此后，鲁冠球的农机修配组的生意越做越红火。

后来，县里的领导找到了鲁冠球，要他带着伙伴，去接管"宁围公社农机修配厂"。这个所谓的农机修配厂其实是一个只有84平方米破厂房的烂摊子，很多人担心鲁冠球会陷进去难以自拔，但鲁冠球坚持了下来，他冲破重重阻碍和困难，终于生产出了令人们震惊的汽车零件万向节。

苦难是试金石，会显示出一个人的意志力有多大，能吃苦的人才能承受人生中的风雨，才能战胜苦难，走出一条属于自己的路。

所以，在职场中，你千万不要怕吃苦，吃苦精神对于一个人的前途至关重要，它也是我们中华民族一贯的优良传统。没有吃苦精神，袁隆平何以能够在那艰苦的岁月里研制出杂交水稻？没有吃苦精神，体育健儿何以能够在赛场上争得荣誉？没有吃苦精神，成功者何以能

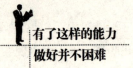

够创造一个又一个辉煌，创造一个又一个奇迹？

　　吃苦是人生中难免的事，唯有抱着吃苦精神去工作，才能走向成功。一个贪图安逸、不肯付出、只求回报的人是无法在职场中占有一席之地的。你只有比别人更加努力，更加勤奋，才有可能得到老板的认可，获得职位的升迁和待遇的提高，也因此才能得到一张通往事业成功之巅的通行证。

不因失败而失败

松下幸之助有一句话："如果你犯了一个诚实的错误，公司可以宽恕你，并把它作为一笔学费。但如果你背离了公司的精神价值，就会受到严厉的批评甚至被解雇。"

一家公司在招聘员工时，总是喜欢问应聘者一个同样的问题："对于工作中的失败你如何看待？"多数人的回答是："我尽量避免犯错。"只有极少数人说："犯错是正常的，但是我只允许自己犯一次错，绝对没有第二次。"这样回答的员工最后都被录用了。

一个永远不犯错误的员工是不存在的，但是一个不能从失败中汲取教训而屡次犯错的员工却是不可饶恕的。失败了不可怕，可怕的是不敢面对失败，当然也就无法总结失败的原因，自然也就与成功无缘。成功学家拿破仑·希尔曾说："一个成功的人，最擅长的是探讨失败，探讨失败的原因，并且迅速找到解决的办法。"

微软公司总是愿意聘用那些犯过错误并吸取到教训的人。微软公司的执行副总裁迈克尔·迈普斯说："我们寻找那些能从错误中学会某些东西并主动适应的人。"

格里格·罗蒂在1982年与别人共同创立了爱林特计算机公司。10年后，公司倒闭。这是一次惨重的失败。但是微软在1992年聘用了罗蒂，任他为部门主管。

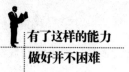

如果一个人失败了一次，便一棍子将其打死，这是极其不负责的态度。同样，一个失败的人如果不敢正视自己的失败，那么他将永难成功。

硅谷的很多企业推崇"允许失败，但不允许不创新"的价值观，时代华纳公司的总裁史蒂夫克斯曾说："在这个公司，你不犯错就会被解雇。"失败中蕴藏了成功的因素，因为失败往往是创新的副产品。一个谨小慎微、不敢放开手脚大干的人尽管很少犯错，但这样的结果势必让自己最终沦为平庸，而失败往往产生在创新和冒险的过程中，如果因为惧怕失败便不敢创新冒险，束缚起自己的手脚，这样的人很难做出什么大事来。

有一个人被称为"世界上最伟大的失败者"，他经历了无数次的失败，但最后他成功了，这成就了他的伟业，也成就了美国人民的幸福。

他家境贫寒，从小过着贫穷的生活，他曾先后经历过考学失败、破产、丧妻、精神崩溃、竞选失利等种种挫折，但他始终没有放弃追求成为美国总统的目标，他凭着顽强的意志不屈不挠，自修法律，奋勇前行，最后成为美国历史上最伟大的总统之一。

当他竞选失败记者采访他时，他却说："还有希望，我还要参加。"

这个人就是美国第六任总统亚伯拉罕·林肯先生。他出身贫苦，41岁竞选议员失败；他相貌平平，43岁竞选议员失败；他满口乡音，46岁竞选议员失败；48岁竞选议员失败；53岁竞选议员又失败……

  林肯的伟大之处就在于他不怕失败，能够一次次坦然面对失败，这样的人是真正的勇士，也是真正有希望成功的人。相反，那些一遇到失败就灰心丧气、整天唉声叹气、怨天尤人的人，将一次失败视为拿破仑的滑铁卢，"一朝被蛇咬，十年怕井绳"，遭遇一次失败便失去了前进的勇气，一蹶不振，这是很多人无法成功的原因。在刚强坚毅者的眼里，永远没有所谓的滑铁卢，没有失败。那些一心要得胜、立志要成功的人即使失败，也不以一时失败为最后结局，还会继续奋斗；他们会在每次遭到失败后再次重新站起，比以前更有决心地努力向前，不达目的决不罢休。

  不经历风雨怎能见彩虹；若非一番寒彻骨，哪得梅花扑鼻香；雄鹰若不叱咤风云，又怎能搏击长空。如果小小的磨难你都无法克服，在人生的征程中，你又怎能一展宏图、有所作为呢？

第二种能力
善于控制自己
拥有过硬的自制能力

　　自制，就是要克服欲望，不要因为有点压力就心理浮躁，遇到一点不称心的事就大发脾气。一个人除非先控制自己，否则将无法领导别人。

　　一个人只要有成大事的目标，知道自己想要的，然后采取行动，告诉自己绝对不要放弃，成功只是时间早晚而已。

　　假使你在途中遇上了麻烦或阻碍，你就去面对它、解决它、然后再继续前进，这样问题才不会愈积愈多。

　　你在一步步向上爬时，千万别对自己说"不"，因为"不"也许导致你决心的动摇，让你放弃目标，从而前功尽弃。

　　人最难战胜的是自己，这话的含义是说，一个人成功的最大障碍不是来自外界，而是自身。只有控制住自己，才能控制住压力，让压力在你面前屈服。

持之以恒

持之以恒能使一双笨拙的手变得灵活，也能使一个普通的头脑变得聪明，更能使一个平庸的生命变得不再普通。有了这种精神，你就会生机勃勃，充满活力，永远不会感到疲乏和厌倦。此时，成功的人生自然就在你的掌握中了。

若干年前，在埃塞俄比亚阿鲁西高原上，每个清晨和傍晚，都会有一个腋下夹着书本飞奔的小男孩的身影。若干年后，也正是这个小男孩，在世界长跑比赛中先后15次打破世界纪录，成为当时世界上最为优秀的长跑运动员之一。他就是海尔·格布雷西拉西耶。

当这位世界冠军回忆起童年的那段经历时，他不无感慨地说："或许现在我要感谢我童年的贫穷，正是因为贫穷的家境，使跑步上学成了我当时唯一的选择。但是我自小就喜欢那种感觉，我觉得那就是一种幸福。"是的，我们都希望能够摆脱贫穷，过上幸福的生活。可是当贫穷无可避免时，我们就要学会把握贫穷。试想，如果当年海尔因为每天跑步上学、回家，而感到辛苦便不做这样的坚持，那还会有后来的世界长跑冠军吗？

世上从来就没有不劳而获，如果你能坦然面对种种的挫折与失败，决不轻言放弃，那么你一定就可以达到成功。放弃了，成功的机会也就与你彻底绝缘了。不放弃，你至少还有一份成功的希望。

爱迪生曾经说过："成就伟大事业的三大要素在于：第一，辛勤的工作；第二，不屈不挠的精神；第三，自由运用自己的专业知识。"比尔·盖茨也曾说过："成功之路只有一条，那就是努力工作。倘若你想投机取巧，等待你的只是一生的平庸。"

真正的成功就是要坚持永不放弃的精神，现实情况告诉我们，那些最著名的人士他们获得成功的最主要的原因，就是他们绝不因为失败而放弃。就像路易斯·拉莫尔这位世界著名的作家，他著有100多本小说，并拥有2亿的发行量，然而你知道他的第一本书是怎么向出版商推销出去的吗？那可是整整的被出版商拒绝了350次啊，这究竟是怎样的一种坚韧的精神啊！

希望集团的刘永好曾经说过："现在对我而言，再多一个亿和多几百块钱是没有什么本质区别的，因为当自己的生活所需得到满足之后，钱就已经不是你所追求的最终目标了。支撑你不断前进的是不断的追求和奋斗。"

你人生每一阶段的每一次成功，都是迈向目标的征程。如果没有想要达到某一目标的意向，人就不会努力下去，也就不会有成功的一天。

罗伯特·皮尔是英国参议院中杰出的辉煌的人物。在他谈及自己的成功经历时，他说当他还是一个小孩的时候，父亲就让他尽可能地背诵一些周日训诫。当然，起先并无多大进展，但天长日久，滴水穿石，最后他能逐字逐句地背诵全部训诫内容。在后来的议会中，他以其无与伦比的演讲艺术驳倒他的论敌。他在论辩中表现出来的惊人记忆力，正是他父亲以前严格训练的结果。

在通向成功的茫茫大海之上，持之以恒是你的良友，要是失去它，即使彼岸就在眼前你也会继续徘徊在波涛之间。恒心是成功的双桨，失去了它就失去前进的动力，如果你希望成功，就要学会持之以恒。

即使你当下所定立的目标因为受外在的不利因素影响，不能圆满实现，但是在你奋斗的过程中，你却有着精神的胜利、内心的充实和快乐。一个人愈能储蓄则愈易致富。就像你愈能求知则你愈有知识一样。这种零星的努力、细小的进步，日积月累，可以使你日后大有收益。

不要介意别人的讥讽和不解，即便有人说你的努力是得不偿失也没关系。付出的少，得到的必定也少。千万不要灰心丧气。尽力去干吧，现在播下的种子，日后定会开花结果。

坚持是苦涩的，但它的果实是甜蜜的。能够坚持就能摆脱一切厄运，战胜一切困难；能够坚持就能掌握自己的命运，达到自己的目的。持之以恒是一种力量，用它来磨炼心志、陶冶性情，只要你能持之以恒，就一定会到达成功的彼岸。

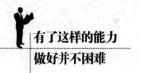

培养良好的习惯

习惯是人的行为倾向，习惯是一种行为，而且是稳定的、甚至是自动化的行为。

孔子说："少成若天性，习惯如自然。"他告诉我们，习惯是非常重要的，人们所养成的习惯，就像人天生自然固有的一样，难以更改，并能影响人一生的命运。

有一个穷人得到了点金石的秘密：所谓的点金石，其实就是一块小小的石头，它现在就躺在黑海的海滩上。识别点金石的方法也特别的奇特，真正的点金石摸上去是很温暖的，而那些普通的石头摸上去则是冰冷的。穷人很兴奋，于是他来到黑海边上开始寻找点金石。

他捡起一块石子，摸一下感觉冰凉，他就会使劲的将它甩到大海里。就这样，一个星期、一个月、一年的时间过去了，但是他还是没有找到那块摸起来感觉温暖的点金石。于是他还是继续干下去，捡起一块石子，摸一下是凉的，将它甩到海里，又去捡另外一颗，还是凉的，再把它甩到海里……

终于有一天上午，他像往常一样捡起了一块石子，指尖滑过的一丝温暖，让他的大脑意识到这应该就是他所要寻找的点金石了，但是他的手竟然机械地随手就把它又甩到了大海里。真是悲哀啊，他现在已经是如此的习惯做这个扔石子的动作了！通过上面这个故事，我们不难看出，习惯真的是一种顽强而巨大的力量啊，它有时甚至会成为阻碍你成功的障碍，让你扔掉手中的"点金石"，那些坏的习惯尤其如此。

心理学家称习惯为人们感受刺激与做出反应之间的稳固链接。人们的习惯有好坏之分，它们泾渭分明。我们每个人身上一定有很多好的习惯，也一定有些不好的习惯。坏习惯是一种藏不住的缺点，别人都看得见，他自己却看不见。好习惯是人人称道的优点，是会遭人妒忌或让人羡慕的。事实上，成功与失败的最大区别，就是来自不同的习惯。好的习惯是开启成功之门的钥匙，而坏习惯则是一扇通向失败敞开的门。那么我们应该如何养成好的习惯呢？

好习惯往往是从小养成的，就像每天刷牙洗脸、铺床叠被一样，习惯成了自然。诸如，在日常生活中，我们每个人饭前、便后要洗手这样的好习惯也并不是与生俱来的，这种习惯也是经过父母或他人无数次强调和纠正，才得以养成的。"花园城市"新加坡的自律习惯就让人赞叹不已，但是你可曾知道在这些良好的习惯培养之初，政府甚至动用了警察、监狱等国家强制措施来执行。所以，"好习惯出自强制"，这绝对是个不折不扣的真理。

当然，好习惯的养成除了靠制度的约束、教育的陶冶外，还要依靠自己的决心和勇气。任何一种习惯的培养，都不是轻而易举的，它一定要依照循序渐进、由浅入深、由近及远、由渐变到突变的过程。

可能有的人会说："我也知道随地乱丢弃废物、吐痰不好，可就是不由自主啊。"这就说明你已经养成了随地吐痰、丢弃废物的坏习惯，坏习惯的纠正尤其不容易，你必须要有坚强的毅力。每当你吃食物的时候，刻意注意你手中的包装袋，强迫你自己一定要扔进果皮箱里；随身带上卫生纸，如果想吐痰，就把它吐到纸上或直接吐在痰盂里。这样，坚持一段时间，你就会惊奇地发现，即使手里拿着废弃物也绝不会乱扔了。这样，良好的习惯就养成了。每天按照这种生活方式生活着，久而久之，就养成了生活习惯。习惯一旦养成了就不容易改变了，改变了这种生活习惯，生活反而会变得不习惯。美国科学家研究发现，一个习惯的养成需要21天的时间，如果真是如此，从效率的角度分析，习惯应该是投入、产出比最高的了，因为一旦你养成某个习惯，就意味着你将终身享用它带来的好处。

1978年，75位诺贝尔奖获得者在巴黎聚会。有记者问其中一位："你在哪所大学、哪所实验室里学到你认为最重要的东西呢？"这位白发苍苍的学者回答说："是在幼儿园。"这样的答案实在是太出人的意料了。那人又好奇地问："那您在幼儿园里学到了什么呢？"学者微笑说："把自己的东西分一半给小伙伴们；不是自己的东西不要拿；东西要放整齐，饭前要洗手，午饭后要休息；做了错事要表示歉意；学习要多思考，要仔细观察大自然，从根本上说，我学到的全部东西就是这些。"

这位学者的回答，代表了与会科学家的普遍看法——成功源于良好的习惯。

古希腊伟大的哲学家柏拉图曾经告诫一个浪荡的青年说："人是习惯的奴隶，一种习惯养成后，就再也无法改变过来。"但是那个青年却颇不以为然："我所做的，只不过是逢场作戏，那又有什么不好的影响呢？"这位哲学家听了青年的话，正色说道："一件事情如果一经尝试，就会逐渐形成为习惯，那它所带来的影响可就不会小啦！"正如三国时期的蜀主刘备告诫他的儿子刘禅："勿以恶小而为之，勿以善小而不为。"

英国诗人德莱敦曾经说过："首先我们养成了习惯，随后习惯养成了我们。"在我们平常一天生活中：几点起床、就寝，就是一种习惯；穿衣的款式、颜色喜好，也是一种习惯；甚至我们的做事方式等，这些都是习惯在起主导作用。

生理学专家查尔斯·谢灵顿博士认为：在我们学习的过程中，神经细胞的活动模式与磁带录音相类似。每当我们记忆起以往的经历时，这个模式便重新展示出来。譬如，你对失败习以为常，你将易于接受失败的习惯感情。同样，如果你能建立起一个成功的模式，你便能够激励起胜利的感情色彩。从这个意义上说，改变我们的习惯，也就能改变我们的命运走向。心理学家甚至还相信，人类大约有95%的行为，是通过习惯养成的。

而那些坏习惯呢，它们就像一条有太多孔洞的破船，任你想尽任何办法，也无法阻止它继续下沉。你何不彻底改正你的坏习惯呢？如果你已经有了这种打算，那么你就立刻用一种好的习惯来代替它吧，只有掌握了好的习惯，你才能掌握迈向成功命运的方向。

美国总统华盛顿青年时期留着一头火红的长发，脾气火爆。试想一下，要是他没有学会靠自我控制改变自己的坏习惯，那他日后还会成为美国的第一任总统吗？

坏习惯大多是由一些偏差行为一再重复，从而形成的较为固定的行为模式。坏习惯大抵表现为与时间、地点及身份不相符合的行为。要想改掉这些坏习惯，学习则被公认为是一种最为行之有效的方式。由此，我们可以确定通过某些方式的学习，校正我们的某些偏差行为，消除坏习惯。

坚信自己

一个人想要取得成功，生活幸福，重要的一点是要有积极的自我心态，要有十足的勇气，要敢于对自己说："我行！我坚信自己！我是世界上独一无二的人！"否则，他就很可能在通往成功的道路上被各种困难吓倒，对自己失去信心。

研究自我形象颇有心得的麦斯维尔·马尔兹医生曾说过，世界上至少有95%的人都有自卑感。为什么呢？有句话叫作"金无足赤，人无完人"，也就是说我们每个人都不是完美的，都有自己的缺陷。这种缺陷在别人看来也许无足轻重，却被我们自己的意象放大，而且越是优点多的人，越是我们觉得完美的人，他们对自身的缺点看得越严重。另外一点就是，我们经常拿自己的短处来比较别人的长处。其实优点和缺点并不是那么绝对的，就像自卑，具有自卑性格的人通常也比较内向，但内向也有内向的好处。内向的人，听的比说的多，易于积累。敏感的神经易于观察，长期的静思使得他们情感细腻，内敛的锋芒全部蕴藏为深厚的内秀心智，而温和的性情又让他们可以更容易地亲近别人。所以从某种意义上说，缺点也是可以转化为优点的，就看你自己怎么去看待。其实，从某种意义上说，缺陷也是一种美。就像断臂的维纳斯，虽然失去了双臂，却从严重的缺陷中获得了一种神秘的美。

分析许多人失败的原因，不是因为天时不利，也不是因为能力不济，而是因为自我心虚，自己成为自己成功最大的障碍。有的人缺乏自重感，总是觉得自己这也不是，那也不行，对自己长相、身材不能自我接受，时常在别人面前感到紧张、尴尬，一味地顺从他人，没能把事情做好，总是认为自己笨，自我责备，自我嫌弃。有人缺乏自信心，总是怀疑自己的能力，内心中的自我是一个可怜的、脆弱的、需要别人帮忙的弱小形象。有的人缺乏安全感，疑心太重，总觉得别人在背后指责和议论自己，对他人的各种行为充满了戒备心，容易产生嫉妒。有的人缺乏胜任感，不相信自己能创造、发明，做事时缺乏担任重任的气魄，甘心当配角；生活中常常被别人的意见所支配，无论职业角色还是家庭角色都显得难以胜任。有的个性虚浮，或虚假地表现自己，为掩饰自己的缺点或短处，夸张地表现自己的长处或优点，或依靠特立独行来自我"打气"，追求虚荣……这样的人，他们真正的敌人正是他们自己。

有两个病人，一起到医院去看病，并且分别拍了X光片。其中一个得的是肝硬化，而另一个却只不过是例行的检查。由于医生不小心把两个人的X光片弄错了，最后给他们做出了相反的诊断。结果，原本得了肝硬化的人知道自己没病之后，顿时心情舒畅起来，经过一段时间的调养和体育锻炼，身体居然好了起来。而那个没有生病的人被医生误诊之后，整日郁郁寡欢，提心吊胆，结果最后反而真得生起病来。

看了这则故事，你可能会感觉好笑，但是这样的事情却经常发生在我们的身上。你可以扪心自问，在你失败的过程中有多少次是你还没有做出尝试就主动放弃的呢？统计出来，那个数字可能会吓你一跳。我们人类是有智慧的，我们也经常为此而引以为豪。但是，我们的智慧也可以成为困扰我们的枷锁。因为在我们做事之前，我们总会把困难分析得太透彻、太明了，因此，我们就会被自己心中所设想的那个困难所吓倒。我们不是倒在敌人的脚下，而是倒在自己的恐惧里。

要想成功，我们首先要做的就是战胜恐惧。一个人的心中少了"害怕"这两个字，许多事情会好办得多。

玛丽亚·艾伦娜·伊万尼斯是拉丁美洲的一位女销售员，她在20世纪90年代被《公司》杂志评为"最伟大的销售员"之一。在当时女性地位还比较低的时代，她是怎样做到这一点的呢？

她曾在三个星期中旋风般地穿行于厄瓜多尔、智利、秘鲁和阿根廷，她不断地游说于各个政府和各个公司，让它们购买自己的产品。而在1991年，她仅仅带了一份产品目录和一张地图就乘飞机到达非洲肯尼亚首都内罗毕，开始她的非洲冒险。她经常对别人说："如果别人告诉你，那是不可能做到的，你一定要注意，也许这是你脱颖而出的机会。"所以她总会挑战那些让人望而却步的工作，而这种毫不畏惧的精神，也让她成为南美和非洲电脑生意当之无愧的"女王"。

忘却恐惧，可以给我们破釜沉舟的勇气。当年的项羽，就是用这种办法激发了三军将士的勇气，在与强大的敌军较量时取得了胜利，并成就了"楚兵冠诸侯"的英名。无独有偶，西班牙殖民者科尔在征服墨西哥时也用了同一战略。他刚一登陆就下令烧毁全部船只，只留下一条船，结果士兵在毫无退路的情况下战胜了数倍于自己的强敌。

有时，我们需要的就是那么一点勇气。面对任何困难都不逃避，就算遇到再大的困难也不说放弃。

当你静下心来，检查自己失败的原因时，可能会有一个惊人的发现，那就是战胜自己的并非困难，而是存在于内心的恐惧。每当遇到困难，耳边总会有一个声音对我们说："放弃吧，那根本就是不可能的事。"于是在这个声音面前，我们内心的勇气一点点消退，我们的信心一点点丧失。人的潜能是无限的，它足可以使我们创造出所有的人间奇迹。而大多数人之所以没有办法将自己体内潜藏的能量激发出来，就是因为怀疑和恐惧动摇了他们的信心，以至于阻碍了潜能爆发的源泉。当你试着抛却恐惧、树立信心、拿出勇气之时，或许你会取得连自己都感到惊讶的成绩。

俄罗斯足球运动员乌斯蒂诺夫曾经说过："自认命中注定逃不出心灵监狱的人，会把布置牢房当作唯一的工作。"可笑的是，我们大多数的人花去那么多的精力不是去想如何做才能成功，而是如何才能把自己的牢房建得更好。

使我们疲惫的，并非远方的征程，而是我们鞋里的沙子。阻碍我们成功的也并非生活中的困难，而是我们心灵的脆弱。如果我们的内心可以更加坚强一些，强大到可以战胜自己内心的一切弱点，那么，我们或许就会发现其实成功就在眼前。

　　古希腊哲学家索福克勒斯说过："人世间有许多奇迹，人比所有奇迹更神奇。"许多事情，我们可能会认为自己无能为力，但实际上，只要你相信自己，你就可以做到，就可以开创自己的奇迹。第二次世界大战期间，曾有不少苏联飞行员在空战时不幸被敌机击中，生命危在旦夕。以他们的伤势来看，根本就不可能再驾驶飞机，但是他们却凭着顽强的信念，驾机返回了基地。当人们打开舱门的时候，发现的往往是一具散发着余温的尸体。

　　生活就是这样，只要你不怕它，它就会怕你。如果你被它击败的话，那么总有一天，你就会沦为它的奴隶。

　　因此，无论到任何时候，我们都不应该惧怕困难，我们要相信，只要我们自己不把头低下，就没有人可以击败我们！

　　如果相信自己能够做到，你就能做到。你心里这么想，你就会这么做。无论面对再大的困难，倘若你能拿出勇气，积极地去面对，就会找到战胜困难的办法，从而获得胜利，走向成功。

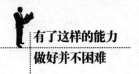
珍惜时间

　　时间如流水，一去不回头。时间对于每一个人都是公正的，想想每一分钟对你的意义，想想让时间如何过得更有意义吧！谁能以深刻的内容充实每个瞬间，谁就能更有效地利用时间，谁就能够延长自己的生命。

　　金融大王摩根，就是一个珍惜时间的典型人物，他每天上午9点30分准时进入办公室，下午5点回家。曾有人对摩根的资本进行了计算后说，他每分钟的收入是20美元，但摩根认为应该还不止这些。在他的工作时间内，除了与生意上有特别关系的人商谈外，他与人谈话绝不超过5分钟。通常，摩根总是在一间很大的办公室里，与许多员工一起工作，他会随时指挥他手下的员工，按照他的计划去行事。所以在他那间大办公室里，你是很容易见到他的，但如果你没有特别重要的事情，他也是绝对不会欢迎你的。

　　另外，对于每个来访者的目的，摩根能够迅速准确地做出判断。他这种卓越的判断力，为他节省了许多宝贵的时间。对于那些本来就没有什么重要事情，只是想找个人聊天来填充无聊时光的一类人，摩根简直是恨之入骨。作为商人，摩根最可宝贵的本领之一，就是与任何人交往，他都能简捷迅速而卓有成效。这也不是一般成功者都具有的通行证。在美国现代企业界里，唯有金融大王摩根与人接洽生意能以最少时间产生最大的效率，甚至为了珍惜时间，他招致了许多怨恨。但其实人人都应该把摩根作为珍惜时间的典范，因为人人都应具有这种美德。

我国古代就有珍惜时间的良好传统。在班固的《汉书·食货志》上有这样的一段文字："冬，民既入，妇人同巷，相从夜绩，女工一月得四十五日。必相从者，所以省费燎火，同巧拙而合习俗也。"一月怎么会有四十五天呢？古人把每个夜晚的时间算作半日，一月之中，又得夜半为十五日，共四十五日。从这个意义上说，夜晚的时间等于生命的三分之一。

生活中，很多人总是声称自己没有时间，其实真实的情况是这样的吗？这个世界上没有人真的没有时间。每个人都有足够的时间做必须做的事情，至少是最重要的事情。很多人看起来已经很是忙碌了，但他们却还能够做更多的事情，他们不是有更多的时间，而是更善于利用时间罢了。

你可能没有比尔·盖茨那般富有，但有一样东西你和他拥有的一样多，那就是时间。时间对于每一个人来说，都是绝对公平的，不论是富人或穷人，男人或女人，摆在你面前的时间，每天都是24小时。

时间对于任何人、任何事都是毫不留情的，甚至是专制的。当然，时间对每个人又都是公平的，你可以有效地利用你的时间，也可以在呆滞的目光中让时间白白地流失掉。人生没有回头路可走，我们

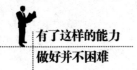

无法回过头去找到我们曾经无意之中浪费掉的哪怕是一分钟的光阴。

浪费掉的时间永远失去了，我们永远无法追回，但是，如果学会科学地把握时间、追求效率，在适当的时间内做完应该做的事情，计划中的事情做得越多，效率也就越高，也就更能够掌握时间。

凡是在事业上有所成就的人，都是惜时如金的人。无论是老板还是打工族，一个做事有计划的人，总是能判断自己行动的价值，如果是面对很多不必要的废话，他们都会想出一个尽快结束这种谈话的方法。他们也绝对不会在别人的工作时间里，去和对方海阔天空地谈些与工作无关的话，因为这样做，实际上是在妨碍别人的工作，浪费别人的生命。

有一次，一个分别很久的朋友前来拜访老罗斯福总统，双方热情地握手寒暄之后，老罗斯福总统便很遗憾地说，他还有许多别的客人要见。这样一来，这位客人也就很简洁地道明来意，然后告辞而去。老罗斯福总统这样的做法既能善待来客，又节省了许多宝贵的时间。

一位办事干练的经理人也深谙此法之精妙，他每次与客户把事情谈妥后，便很有礼貌地站起来，与之握手道歉，遗憾地说，自己不能有更多的时间再多谈一会儿。而那些客人面对他的诚恳态度，也都很理解他，就更不会计较他不肯赏脸再多谈一会儿了。

这些办事迅速、敏捷的成功者说话准确、到位，都有明确的目的，他们从来不愿意多耗费一点一滴的时间。

处在知识日新月异的信息时代，人们常因繁重的工作而紧张忙碌。无论是在工作还是学习方面，若能以最短的时间做更多的事，那么剩下的时间就可以挪为他用了。

你也许会对社会上那些著名的企业家、政治家感到怀疑，他们每天有那么多事情要处理，却还能将自己的时间安排得有条不紊。不但能阅读自己喜欢的书籍，以休闲娱乐来调剂身心，并且还有时间带着全家出国旅行，难道他们一天不是24小时吗？正确答案是，他们比别人更善于利用时间，并将它有效运用。

爱因斯坦曾组织过享有盛名的"奥林比亚科学院"，每晚到会，他总是愿意同与会者手捧茶杯，开怀畅饮，边喝茶，边谈话。爱因斯坦就是利用这种闲暇时间，交流自己的思想，把这些看似平常的时间利用起来。后来他的某些理想、主张、科学创见，在很大程度上产生在这种饮茶之余的时间里。

爱因斯坦并没有因为这是闲暇时间而休息，而是在休闲时工作，在工作中休闲饮茶，这是很好的结合。现在，茶杯和茶壶已渐渐地成为英国剑桥大学的一项"独特设备"，以纪念爱因斯坦的利用闲暇时间的创举。鼓励科学家利用剩余时间创造更大的成就，在饮茶时沟通学术思想，交流科学成果。

我国著名画家齐白石，无论是画虾、蟹、小鸡、牡丹、菊花、牵牛花，还是画大白菜，无不形神兼备。据说他在85岁那年的一天上午，写了四幅条幅，并在上面题诗："昨日大风，心绪不安，不曾作画，今朝特此补充之，不教一日闲过也。"

巴尔扎克在20年的写作生涯中，写出了九十多部作品，塑造了两千多个不同类型的人物形象，他的许多作品被译为多国文字在世界各地广为流传。他的创作时间表是：从半夜到中午工作，就是说他要一直在桌子前坐12个小时，努力修改和创作，然后从中午到4点校对校样，5点钟用餐，5：30才上床，到半夜又起床工作。这就是巴尔扎克几十年间写作生活的一个缩影。巴尔扎克曾经这样说过："我发誓要取得自由，不欠一页文债，不欠一文小钱，哪怕把我累死，我也要一鼓作气干到底。"他在生命弥留之际，还念念不忘尚未完成的《人间喜剧》。巴尔扎克珍惜时间的精神，为我们树立了一个光辉的榜样。

成为时间的主人

"一寸光阴一寸金"，时间何其宝贵，更要懂得去珍惜。可是，我们并没有意识到怎样去让这"寸金"发出最耀眼的光。时间对于每个人来说是公平的，为什么有的人在享受着时间带来的快乐，而有些人却在煎熬着时间带来的痛苦？就是因为我们不善于管理时间，没有做时间的主人。卡尔是汤姆的小提琴教师。有一天，他在给汤姆上课的时候，问起："汤姆，每天练琴要花多少时间？"

"大约三四个小时。"汤姆回答。

"你每次练习，时间都很长吗？"卡尔接着问。

"我想练习的时间越长越好吧。"汤姆肯定地回答说。

"不，也不一定，"卡尔说，"你长大之后，每天是不会有这么多空闲的。你要养成习惯，一有空就拉几分钟。把你的练习时间分散在一天里面，这样，拉小提琴就成了你日常生活的一部分了。"

后来，汤姆在大学教书的时候，也搞一些创作。可是繁忙的生活把他白天晚上的时间全占满了，他似乎实在没有时间来搞创作了。后来，他想起了卡尔先生的话。

在接下来的一个星期里，他就照着先生的话试验起来。只要有空闲时间，哪怕三五分钟，他也要坐下来写上几行。那个星期终了，汤姆竟写出10万字的稿子。

利用短暂的时间，把工作进行得迅速。如果只有5分钟的时间给你写作，你切不可把4分钟消磨在咬笔杆上。你是你时间的主人，你要对它负责。许多人的时间都在忙忙碌碌中度过，面对时间，他们更多的是无奈：时间过得太快，事情还没做完呢。也有许多人在无所事事中浪费掉大量的时间，每次他都会说同样的一句话：时间可真难熬，过得太慢了。不论这两种人对待时间的态度怎样，他们都是用掉了时间，可是他们之中却没有一种人在时间里得到快乐和满足。这是为什么呢？答案其实很简单：他们都被时间所驱使，成了时间的奴隶。他们并没有醒悟到自身该如何去管理、利用好时间，如何让自己成为时间的主人。

一个人真正拥有的只有时间而已，其实你只要仔细想一下，你就不难明白这个道理。诸如我们周围的事物，它们多多少少都是部分或全部为他人拥有。就像你呼吸的空气、在地球上占有的空间、走过的土地、拥有的财产等，都只是短时间的拥有罢了。如此看来，时间是如此的迫切和重要，但是我们仍然还有大多数的人在随意浪费掉他们宝贵的时间。

事实上，仍旧有很多的人日复一日花费大量的时间，去做一些与他们的梦想不相干的事情，这是因为他们还不懂得如何成为时间的主人。如果你想成功，那么你就不要成为他们中间的一分子，要努力让你生命中的每个日子都值得"计算"，而不要只是"计算"着过日子。

成功人士之所以能做出比别人辉煌的业绩，就是因为他们克服了别人不善于利用时间的弱点，成了自己时间的主宰。

史考特·亚当斯画过一本很棒的漫画集《迪尔柏特》，漫画描述迪尔柏特努力撰写企管新书的情形。新书其中一章的标题就是"时间管理"。他的第一个建议是"延后与浪费时间的白痴开会"。一个看起来像白痴的人物站在迪尔柏特后面问："你怎么做到的？"他回答："我可以以后再告诉你吗?"

成功人士会延后与浪费时间的人开会，或是干脆避免与他们开会。斯坦利·马库斯曾说："开会，我一定会准时，因为我的时间很重要，别人的时间也很重要。如果我发现有人不打算持有同样的态度，我就会想办法另找人打交道。"许多行业中的顶尖人物也都遵循这种原则。"真正好的业务员不会让别人等他们。"美乐达公司最优秀的一位业务员如是说。在这个分秒必争的社会，时间就是金钱，不，应该说时间就是生命。侵占他人的时间，简直就是谋杀行为。所以在与他人交往的时候，务必不要侵占他人的时间，这样才是尊重他人的表现。

遗憾的是，有时候你却会成为别人的时间人质。你可能是个业务代表，坐在一个买主的接待室里，而他却待在办公室里不急于接待你，不在乎你转身离开。假如这个人对你很重要，除了等，你也无计可施。此时，你就可以运用消极的时间管理技巧，例如看书或看你带来的报告，或是打电话。如果你需要与权力大于你的人持续往来，你

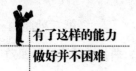
也许可以想办法与他的接待人员商量。

拿破仑·希尔曾经提起过他如何处理上述问题："有一段时间，我必须与一位电视台的总经理和一位大学校长共事，他们两个都经常不能准时，而且会让别人等很久。于是，我设法接近他们的执行秘书，我可以事先打电话询问他们的时间表，将等候时间缩短至最少。有时，如果会面时间延迟太久，他们的秘书就会在确实可以见面之前的几分钟，打电话给我。"

时间有其自身的客观规律，它是不以人的意志为转移的。人，生命中的每一时刻都在和时间打交道，人类至今尚不可能让时间静止在某一刻等候我们，也不可能让时间在某一刻加速或跳过，它只能是始终如一地按照自己固有的步骤前行。但是，我们如能调动起自己的主观能动性，对时间做统筹规划，列出一定时间内所应完成的具体任务，循序渐进达到计划的目标。这样一来，就能逐步树立起信心，使我们的学习和生活变得更加充实。

生活中的每一天，怎样利用好时间，怎样做时间的主人，是我们每一个人都应该好好思考的问题。我们只有学会做时间的主人，有目的地管理时间，才能不断提高自身素质，从而取得更大的成功。有规律地管理时间，才能使我们对生活充满希望，充分实现自身价值。

对于那些突然造访，"窃取"你时间的亲戚或好友，你应该怎么办呢？其实你完全可以坦白地跟他们说，如果下一次拜访一定要预先约定时间。例如，一个大学的行政人员说，如果他的同事在他们开会时不停地接电话，而制造太多干扰，他就会写一张纸条给他："我看你很忙，请有空时再叫我。"然后起身离开。你甚至还可以使用这样的一些借口："我们可以在晚上6点整见面吗？""噢，你知道我现在正处理一些紧急的事情，假如做不完，我的麻烦就大了。"如果这些还是说不通，你就需要另辟蹊径了。诸如工作生活中，每当对方做了我们所希望的事时，如准时赴约后，就要积极加深对方的印象。所谓加深印象，也许只是一些出自内心的肯定的话，如："真感谢你这么准时到。"通常，真诚感谢的效果比你预期的还好。

防范"时间大盗"还要注意控制会面的地点。如果你在办公室或家里，当访客没有出现或是迟到时，你还是可以继续做其他的事情。对于突然造访的人，因为不知道他们的情况，一位善用时间的主管会在接待室，而不是在他的办公室与他们见面，因为在接待室里要中断谈话比起在办公室要容易得多。

做自己时间的主人，还要主动地抛开那些低价值的活动，特别是在你一天中效率最高的阶段，尽可能避免不必要的电话和约会，那么你的时间一定会花在高价值的活动上。下面，就列举出生活中最易浪费时间的10件事，希望大家引以为戒：

（1）别人希望你做的事；

（2）总是以同样方式完成的事；

（3）你不擅长的事；

（4）做无乐趣可言的事；

（5）总是被打断的事；

（6）别人也不感兴趣的事；

（7）已经花了两倍时间的事；

（8）合作者不可信赖或没有品质保障的事；

（9）可按预期过程进行的事；

（10）长时间接电话。

如果你手边有这些事情，那么你就干脆果断地抛开它。绝不能轻易让别人占用你的个人时间，不能因为别人开口要求，或是接到一通糊涂的电话就去做某事，该拒绝的时候一定要学会拒绝。

你的时间理应由你来做主，你只有学会做自己时间的主人，你的生命才会因此而变得更加精彩。

第三种能力
善于控制自身情感

　　不良情绪的产生往往是潜移默化的，但它对人一生的影响却是巨大的，这种影响从诸多小事上体现出来。我们应尽量消除自己的不良情绪，因为它不仅会给我们造成身心上的伤害，而且在我们通往成功的路途上，不良情绪有时会成为绊脚石。

　　为了你的成功，你必须把情感装入理性之盒，你必须去调整自己，适应形势，不然的话，你注定成不了大事，注定会被淘汰。

控制自己的内心

有两个死囚被关在同一间囚室里，四周是厚实的墙壁，只有西墙有一小孔窗户。透过窗户可以看到外边有一棵老槐树，树下是一片草坪，再远一些便是高高的围墙，还有上面的天空。

深秋时候，老槐树的树叶都黄了，一片片离开树干，飘落到同样枯黄的草坪上，继而又被一阵风吹出了视线。囚犯甲看着这一切，联想着自己即将到来的命运，不由得感到万般绝望，一天比一天消沉，最终没有过完这个秋天就离开了。囚犯乙却并不像囚犯甲那么悲观，尽管他也知道即将到来的命运是什么，也透过那孔小窗户眺望外面，可他总是显得很积极，并不因此而变得悲观失望，反而总能想方设法让自己高兴起来。最后，囚犯乙快乐地度过了自己所剩无几的日子，而让他不感到绝望的秘诀，就是每当他眺望窗外，并没有在意那些枯黄的落叶和草坪，因为出现在他眼睛里的总是满天的星斗，这让他觉得自己的生命就像是夜空里的一颗星星，即便只有一晚的时间，也要发出自己应有的光亮。

同样的一间囚室，同样是透过那孔小窗户眺望外面，一个囚犯看到的是满目萧瑟，而另一个囚犯看到的却是满眼星斗。其实，生活更多时候就像是一面镜子，你对它笑，它便对你笑；你对它哭，它便对你哭。你以一种积极的心态去面对生活，生活中便无处不是乐境；你以一种消极的心态去看待生活，生活中便没有任何地方能让你感觉到快乐。

事实上的确也是如此，与其说我们生活在现实中，不如说我们生活在自己的思想中更贴切。任何的外在事物在进入我们大脑之时，都要经过一定的信息处理，有的信息被存储，有的信息被删除。而决定这些信息采集的，便是你对生活的态度。你的心中充满阳光，收集到的信息便会五彩斑斓；你的心中满是灰暗，那它也会成为你思想的底色。

对于每一个人来说，我们不能轻易改变周围的环境，但只要我们学会调整自己的心态，让它变得积极起来，就完全可以通过改变我们的内心，从而改变环境对我们的影响。人生难免要经历磨难和挫折，就如同傲雪的寒梅，必须经过寒冬的历练才会发出沁人的芳香；又如同寒气森然的宝剑，需经磨刀石的砥砺才会有锐利的锋芒。从这层意义上来看，我们更应该感谢磨难和挫折，它让我们对生活的认识更有深度，也让我们的生命变得更加坚韧、更加顽强。

有一个女人，其丈夫是个军人。一次，为执行任务，丈夫不得不到沙漠地带附近驻守的陆军训练营。为了和丈夫生活在一起，女人也随他一起搬到了那里。但是到了那里之后，她才体会到生活的艰苦：没有风，没有水，没有绿色，漫天都是迷眼的黄沙。太阳每天都在炽热地烘烤着大地，哪怕是在大仙人掌的阴影下，仍然有很高的温度。更让她忍受不了的是找不到人交流。尽管那里也有不少墨西哥人和印第安人，但是他们却根本不会讲英语，于是她不得不生活在无边的孤寂之中。

周围的环境让她忍无可忍。她只好给父母写信，向他们宣泄心中的不快。父母给她回了信，但只有两行字。但就是这两行字，却改变了她以后的生活："两个人从监狱的铁栏里向外望，一个看见的尽是烂泥潭，另外一个看见的则是满天的星斗。"

她反复地读着这两句话，心中又充满了对生活的希望。她下定决心忘掉生活中的不快，寻找生命里的那些星星。她的行为变得积极起来，不再整天坐在那里抱怨，而是积极地走出去。渐渐地，她和那些土著居民成了朋友。她用手语和他们交流，而他们对她也很友好。当他们得知这位客人对自己所织的布和陶瓷感兴趣时，便把那些从来不肯卖给观光客的东西送给她当礼物。她开始学会了欣赏仙人掌和丝兰那迷人的姿态，还有大漠里那壮观的落日……

慢慢地，她发现自己的生活明亮起来。后来，她把自己的经历写成了一本书，名字就叫《光明的城堡》。

周围的环境并没有任何改变，而女人的生活却有了翻天覆地的变化。之所以会有如此大的改变，就是因为她调整了自己的心态。

在日常的生活和工作中，那些困扰我们的烦恼和困难，其实并非像我们自己认为的那样难以排解和克服，只是由于我们太过于沉溺其中，习惯了按照以往的态度来面对，其实，此时只要我们能调整一下自己的心态，一切都会变得与前不同。

没有解决不了的难题，关键在于我们是否懂得适时地改变自己的心态，除去弥漫在眼前的浓雾。此时，积极的心态就像是阳光，总能穿透层层的阻隔，照亮我们前行的道路。

心态积极的人，虽身处逆境仍不会动摇自己的信念；而悲观的人，一遇挫折就会落荒而逃。因此说，无论在做任何事情之前，我们都应该树立起积极的心态，不然终究会沉没在困难的旋涡里。

活出真自我

不论怎样，你都要遵守自己的原则，保持自己的本色。不管它是好的还是坏的，美的还是丑的，是富贵还是贫穷，你必须要认识到它始终是有其存在的理由。

索菲娅·罗兰，世界著名影星、奥斯卡最佳女演员奖得主。16岁的她为了追逐自己的演员梦想，一个人只身来到了罗马。刚到罗马时，一些演艺界的前辈就认为她的个子太高、臀部太宽、鼻子太长、嘴巴太大，等等，所有这些都不符合当时的审美要求，认为她不具备成为一名演员的基本条件。

不过还好，一次幸运的机会，制片商卡洛看中了她。但索菲娅·罗兰在随后的几次试镜过程中，摄影师们都抱怨无法把她拍得更美艳动人，卡洛的想法也变得动摇起来，于是找到了索菲娅·罗兰，对她说："索菲娅，如果你真想干这一行，我建议你把你的鼻子和臀部'动一动'，做一次美容手术，那样或许就会更好些。"

但是有主见的索菲娅·罗兰断然拒绝了卡洛的要求，因为在她的心里始终坚信这样一个原则："我就是我自己，只有做好了自己，我才能像他人学习。"她坚信自己内在的气质和精湛的演技最终能够赢

得人们的喝彩。

虽然很多流言对索菲娅·罗兰都很不利，但她始终没有因为别人的议论而停下自己奋斗的脚步，反而越挫越勇。终其一生，她参与拍摄了六十多部影片，她的演技也达到了炉火纯青的程度。通过这些影片，观众认可了索菲娅·罗兰的善良和纯情。

1961年，索菲娅·罗兰获得了奥斯卡最佳女演员奖，她最终成了世界著名影星。直到此时，以前那些说她鼻子长、嘴巴大、臀部宽的议论都不见了，她反而得到了更多的好评，以前的缺点甚至还成了当时评选美女的标准。20世纪末，索菲娅·罗兰已经六十多岁了，但是，她之前的姿态被评为了那时"最美丽的女性"之一。

当后来有人问起索菲娅·罗兰的成功经验时，她是这样回答的："我谁也不模仿。我不像奴隶似的跟着时尚走。我只要做我自己。当你把自己独特的一面展示给别人的时候，魅力也就随之而来了。""我就是我"，没有人能替代我自己。你也许能把很多的事做到完美，但是你仍然不能代替他人。人生最重要的就是做真实的自己。生活中，许多想成功的人，他们都在模仿自己心目中的那些成功人士，但是他们往往在这些模仿当中迷失了自己，忘记了真实的自己，忘记了自己的优势。

其实，成功的人与没有成功的人，都拥有着聪明的一面，拥有着自己天生的长处和特质，也有着他人不可比拟的聪明优势。所以，我们不必去模仿那些成功人士，我们只能借鉴他们的成功经验，当你找到了自己的优势时，你就有了通向成功的起点了。

那些有成就的人，他们敢于选择做真实的自己，走自己的路。不管他们所选择的这条路上到底有没有人陪，他们仍然走在路上。然而，这些成功的人和有成就的人，他们具备的是一种永不言败的精神和一种不断努力奋斗的勇气。他们也懂得经营自己的人生，把自己的人生打拼得有声有色，活出真正的色彩。

我们拥有自己的人生，人生其实就是不断地寻找自己、定位自己、调整自己的过程。但最值得注意的是，我们要在拼搏的过程中知道自己的位置，找到最适合自己的人生舞台，只有这样，我们才能活得更加精彩，才能迎向明天成功的太阳。坚持"我就是我"的原则，并且找到属于自己的人生目标，只有这样才能获得成功。

一个企业里，优秀的员工往往是很聪明的，他们不会去问主管需要做什么，或者某件事需要如何做，他们往往能找到自己该做的事。而那些一般的员工，只能等着主管来下达命令。

当"愚者"在为没有遵循成功者的准则而叹息时，聪明的人、优秀的人总是在快乐、幸福地生活着，因为他们自始至终都在依照自己的原则而生活。他们始终遵循着："我首先是我自己，然后才向别人学习。"

有这样一句话：人的身体是模子复制出来的，但是一个人只有一个模子，而且在这个模子倒影出自己的时候就打碎了。是啊！在这个世界上，每个人都是独一无二的。

因此，我们有理由保持自己的本色。生活当中，我们不该再浪费任何一秒钟，去模仿或忧虑我们与其他人不同的地方，我们应该好好利用自身的潜力。

是啊，人生就要活出真正的自我，活出自己的风采，不要任意听取别人的意见而去学习他人，要遵守"我就是我"的原则。

要有火一样的热情

　　每个人内心深处都有像火一样的热忱，却很少有人能将自己的热忱释放出来，大部分人都习惯于将自己的热忱深深地埋藏在内心深处。有的人因为没有将自己内心深处的激情释放出来，不但工作做不好，甚至还因此付出惨痛的代价。因此，在工作中，你一定要将自己的热忱释放出来，看到自己不可估量的价值。

　　热忱是一个人保持高度的自觉，把全身的每一个细胞都激活起来，完成他心中渴望的事情的动因；是一种强劲的情绪，一种对人、事物和信仰的强烈情感。工作中你注入多大的热忱，就会有多大的收获。

　　林子是一家公司的采购员，他非常勤奋，有一种近乎狂热的热忱。他的工作要求很简单，只要能满足其他部门的需要就可以了。但林子却千方百计地找供货最便宜的供应商，买进上百种公司急需的货物。

　　他兢兢业业地工作，为公司节省了许多资金，这些成绩是大家有目共睹的。在28岁那年，他为公司节省的资金已超过80万美元。公司副总经理知道这件事后，马上就增加了他的薪水。他在工作上的刻苦努力博得了高级主管的赏识，他在34岁时就成了这家公司的副总裁。对于职业人而言，当你正确地认识了自身价值和能力以及社会责任时，当你对自己的工作有兴趣，感到个人潜力得到发挥时，你就会产生一种肯定性的情感和积极的态度，把自觉自愿承担的种种义务看作是应该做的，并产生一种巨大的精神动力。即使在各种条件比较差的情况下，也不会放松自己的要求，反而会更加积极主动地提高自己的各种能力，创造性地完成自己的工作，这就是你在释放自己的激情。

热忱是实现工作理想最有效的工作方式，用热忱来点燃自己的工作，即便是最乏味的事情，也会变得富有生趣。我们每个人都应该学会用热忱去点燃自己的工作。就算工作不尽如人意，你也不要愁眉不展、无所事事，要学会掌控自己的情绪，激发自己的热忱，让一切都变得积极起来。

既然要在工作中倾注热忱，使工作成为有趣的事情，就要从小事开始做起。凡事比别人先行一步，彻底改掉总跟在别人后面、做事总比别人慢一拍的坏习惯。另外，不要把工作当作一件差事。否则，你就很难倾注你的热忱。而如果你把你的工作当作一项事业来看待，情况就会完全不同。

海涛就是一位很有激情的经理人，他对任何工作都追求完美，但工作完成的时间是有限制的，于是他就加班加点。开始时员工们的抱怨很多，但是经由他的手培训出了很多优秀的人才，他们最后都成了行业的精英或者业务骨干。对此，海涛说：我的工作就是永远不知足，因此我在工作中激情饱满。我觉得我的员工已经很优秀，但是仍然可以做得更好，所以对他们要求很严格。人有时候就差那么一点，但是总是对于现在的成绩很满足，认为这样就可以了，而不愿意再向前迈一步。这样的人都是缺乏工作激情的人，没有工作的激情，做起事来就不会付出最大的精力，也就不会把工作做到最好。

遇到困难，最好的方式不是逃避，而是积极地面对困难，充满激情地解决每一道难题。因此做好并不难，只要你有一个做好的目标。若你有强烈的将工作做好的意识，心中自会产生源源不断的动力，让你不畏艰苦，不达目标誓不罢休。

杰妮是一名广告策划，一向自信的她在认真挑选了一家公司作为自己的发展平台时遇到了一个近乎苛求的老板。每次她把策划案交到老板手里，低眉顺眼地询问到底欠缺在哪里时，老板都会很直接地告诉她："我也不知道到底哪儿不好，但我就是觉得不够完美，总之你还要继续，要不就重来。"每当她递交方案从老板的办公室里走出来时，心情就跌落到了谷底。几经周折，杰妮终于对工作完全没有了激情，如果再继续下去，她最终要从这家待遇极佳的公司灰溜溜地走掉。可是，她不愿意。"逃，不是我的性格，我决定从下一个方案开始，我要挑战他，一定要让他说出'好'字！"于是，她重新调整了状态，在接手一个环卫广告的方案创意后，精心地准备了3套方案，在这3个侧重点不同、宣传风格迥异的方案中，杰妮把自己的视角调整成了一个挑剔者。几个通宵的不眠之夜过后，面对着提交的方案，老板还是摇头，但当杰妮说出最后的思路：把3份方案的亮点结合在一起时，老板的笑意也渐渐浮现了出来。

其实，在任何工作岗位上，老板的挑剔都是对于自己激情的磨炼。每一个老板都不是傻子，他的每一步工作都会有一定的目的，虽然力求完美会让人做起来非常累，却是你将来成功的铺垫。点燃工作的激情，不怕挑剔，不断地给自己打气，在打击中成长起来的人，还会有什么事办不到呢？

不要害怕这个世界的任何挑战，你的激情永远都是战胜世界的有力武器。将你的激情释放出来，改变心态，积极应对，你必定会有自己的一片蓝天。

懂得激励自己

企业之间的区别在于竞争力，员工之间的区别在于进取心。没有进取心的员工不会有工作的原动力，也不会为企业的竞争增加砝码。这样的员工不会随着企业的发展成就自己，而只会因为拖了企业的后腿被淘汰出局。所以，不要在工作的时候放松自己的工作激情，你的动力永远来自你的自身，没有人可以给你工作的激情，那个唯一可以激励你的人就是你自己。

《致加西亚的信》的作者哈伯德强调说："我欣赏的是那些能够自我管理、自我激励的人，他们不管老板在不在办公室，都能一如既往地勤奋工作，因而他们永远都不可能被解雇。"

在管理者眼中，一名优秀的员工和普通的员工之间最大的区别就是：前者善于自我激励，善于调动自己的工作激情。能够运用自我推动的力量促使自己去工作。他们卓越的要诀就在于对自己的行为进行管理，没有人能够阻碍自己的成功，但也没有人可以真正赋予其他人成功的原动力。可以说，最出色的员工都是对自己要求非常严格的人，他们从来不用别人来强迫或督促。因为他们知道要想达到事业的顶峰，就不能仅在别人注意你的时候才装模作样地表现一番。任何真正的成功都是厚积薄发、积极进取的过程。假如你有成为一名出色员工的愿望，想要达到自己事业的顶峰，就要具备积极主动、永争第一的品质。不管做的是多么普通、枯燥的工作，你都要学会自我激励，永葆激情，这样才有机会成为一名优秀的员工。你要尊重自己的工作。工作时要投入自己的全部精力，把它当成自己的事业，无论怎么付出都心甘情愿，并且能够善始善终。

1949年，一位24岁的年轻人充满自信地走进了美国通用汽车公司，应聘会计工作。这位年轻人来通用应聘只是因为父亲告诉他，通用汽车公司是一家经营良好的公司，同时，父亲建议他可以去看看。于是，这位年轻人就来了。在面试的时候，这位年轻人的自信给面试官留下了深刻的印象。当时，通用公司只有一个会计的名额，面试官告诉这个年轻人，竞争这个职位的人非常多，而且，对于一个新手来说，可能很难立即胜任这个职位的工作。但是，这个年轻人根本没有认为这是一个困难，相反，他认为自己完全可以胜任这个职位，更重要的是，他认为自己是一个善于自我激励、自我规划的人。

正是由于年轻人具有自我激励和自我规划的能力，他被录用了！录用这位年轻人的面试官这样对秘书说："我刚刚雇佣了一个想成为通用汽车公司董事长的人！"这位年轻人就是罗杰·史密斯，从1981年以来，他一直担任通用汽车公司的董事长。

罗杰在通用汽车公司的一位同事阿特·韦斯特这样评价他："在与罗杰合作的一个月当中，他不止一次地告诉我，他将来要成为通用的总裁。"结果他真的成功了。

美国哈佛大学的威廉·詹姆斯发现，一个没有受过激励的人，仅能发挥其能力的20%~30%，而当他受到激励时，其能力可发挥至

80%～90%，即一个人在通过充分的激励后，所发挥的作用相当于激励前的3至4倍。

从来没有什么时候像今天这样，给满腔热情的年轻人提供如此多的机会!这是一个年轻人的时代，我们应该抓住这个有利的时机，激励自己，让自己成为一个有用的人才，而不是一个无用的蠢材。

第四种能力
善于激发自身能量

　　人生最本质的财富，是你自己，你自己就是一座巨大的矿藏，只要开发，就能有无穷的潜力。也只有开发，你的一切才能显现出来，才能熊熊燃烧起来，才能闪出光彩来。

突破自我

有人说："每一个生命都是一颗神奇的种子，蕴藏着亟待爆发的能量。只要你用心培育，它就会将能量释放，让种子发芽、开花、结果。"

每个人的身体里都有着一颗神奇的种子，这颗种子隐藏着巨大的力量，它等待你的唤起，等待你将它的激情燃烧。这股力量不断地给你的生命注入新的活力，让你铸就人生一个又一个奇迹，打造一段又一段的人生辉煌！

佛陀说，人人都有佛性。可是为什么我们绝大部分的人没有达到佛的境界呢？我们每个人从小就有自己的梦想，随着时间的推移，我们渐渐长大的时候，却发现梦想离我们越来越远，特别是生活在城市里的人，每天忙忙碌碌，疲于奔命，到头来还是觉得渺渺茫茫，空虚寂寞，就像赵传的歌里唱的那样："在钢筋水泥的丛林里，在呼来唤去的生涯里，计算着梦想和现实之间的差距。"

每当看到身边的人取得各种各样的成就时，我们心里就会情不自禁地产生一丝羡慕，甚至是嫉妒，这时候我们往往会找到各种理由来解释这一现象，比如，他们的运气比我们好，我们没有这么好的命，诸如此类。但是很少有人会把这个问题往更深的方面去思考，他们之所以成功的原因在他们自己本身，他们释放出了足够强大的力量，开发出了自己的潜能，把自己身体里那颗神奇的种子培育了出来，并且发芽，开花，结果。

我们每个人身体里都有那么一颗种子，不是它不想成长，是我们没有给它生长的环境，我们用自己思想创造出来的牢笼把它紧紧地困住了，在一个空气稀薄，没有阳光，没有水分的土壤里面，它如何去生根发芽，如何去开花结果。不要让恐惧和欲望的锁把自己锁住。

有这样一个故事：约翰和汤姆是相邻两家的孩子，他俩从小就在一起玩耍。约翰是个聪明的孩子，学什么都是一点就通，他知道自己的优势，自然也颇为骄傲。汤姆的脑子没有约翰的灵光，尽管他很用功，但成绩却难以进入前十名，与约翰相比，他从内心里时常流露出一种自卑。然而，他的母亲却总是鼓励他："如果你总是以他人的成绩来衡量自己，你终生也不过是一个'追随者'。奔驰的骏马尽管在开始的时候总是呼啸在前，但最终抵达目的地的，却往往是充满耐心和毅力的骆驼。"

聪明的约翰自诩是个聪明人，但一生业绩平平，没能成就任何一件大事。而自觉很笨的汤姆却从各个方面充实自己，一点点地超越自我，最终成就了非凡的业绩。约翰愤愤不平，以至于郁郁而终。他的灵魂飞到天堂后，质问上帝："我的聪明才智远远超过汤姆，我应该比他更伟大才是，可为什么你却让他成为人间的卓越者呢？"

上帝笑了笑才说："可怜的约翰啊，你至死都没能弄明白，我把每个人送到世上，在他生命的褡裢里都放了同样的东西，只不过我把你的聪明放到了褡裢的前面，你因为看到或触摸到自己的聪明而沾沾自喜，以至误了你的终生；而汤姆的聪明却放在了褡裢的后面，他因看不到自己的聪明，总是在仰头看着前方，所以，他一生都不自觉地迈步向上、向前。"

"天生我材必有用"，我们也许很难成为一流的商人，或顶尖的科学家，但是这个世界一定有属于我们的一席之地，不要总是把眼光停留在别人的身上，多照照镜子，看看自己，问问自己的内心，自己是属于哪种类型的人，找到自己合适的定位，慢慢地把自己身体里的那颗种子培育出来，盲目地去羡慕或是模仿他人不但会活得很累，而且容易把真正的自己扼杀掉，打开自己的心灵，放飞自己的梦想，会有一个不一样的世界。

在我们突破自我之前，可能正在被埋没，正在一个不适应的环境中苦苦地等待，不要着急，不要气馁，也许你欠缺的只是一点运气和一点时间。

发现自身的潜力

约翰·费尔德看到儿子马歇尔在戴维斯的店里学着招揽生意，就对戴维斯说："你觉得马歇尔学得如何呢？"

戴维斯就从桶里拿了一个苹果给约翰，并且回答说："咱俩是多年老友了，我不想使你以后后悔，并且我又很直率，喜欢实话实说。他确实是个稳重的好孩子，这毫无疑问。不过，因为他天生不是做商人的料，即使在这儿学上一年，也不会成为一个优秀的商人，你还是带他回乡下学养牛吧！"

幸好马歇尔没有一直待在那里做个店伙计，否则他以后就不可能成为举世闻名的商人了。后来他去了芝加哥，并目睹了许多贫困孩子创出了令人吃惊的事业。这一切唤起了他的志气，坚定了他成为大商人的信念。他自问："别人能创出惊人的事业，为何我就不能呢？"实际上，他有成为大商人的天赋，只是在戴维斯的店里，他的潜能无法被激发。

一个人的才能一般源于天赋，而天赋又不会轻易改变。但是，多数人深藏的志气和才干必须借外界事物才能予以发挥。激发的志气如果能不断加以关注和培养，就会发扬光大，否则就会萎缩消失。

因此，如果不能把人的天赋与才能激发、保持以至发扬光大，那么其潜能就会逐渐退化，最后失去它的力量。

爱默生说："我最需要的是有人让我做我力所能及的事情，而这正是表现我自身才能的最佳途径。只要尽我最大的努力，发挥我的才能，那些拿破仑、林肯未必能做到的事情，我就能够做到。"

大多数人体内酣睡的潜能一旦被激发，就能做出惊人壮举。

美国西部有一位老人，他中年时还是个目不识丁的铁匠，后来他却成了全城最大图书馆的主人，并且得到很多读者的称赞。人们认为他是一个学识渊博并且乐于为人民谋福利的好人。而这位可敬的老人唯一的志向，就是要帮助人们接受教育从而获得知识。自身并没有接受系统教育的他，是如何产生这一伟大抱负的呢？原来是他很偶然地听了一次关于"教育之价值"的演讲，这次演讲使他潜伏的才能被唤醒了，使他远大的志向被激发了，从而令他成就了一番造福一方民众的伟大事业。

在我们的现实生活中确实存在许多这样的人，他们的才能直至老年时才表现出来。是什么激发了他们的才能呢？有的是读了富有感染力的书籍而激发，有的是听了富有说服力的讲演而感动；有的是受朋友真挚的鼓励而被鼓舞。其中朋友的信任、鼓励和赞扬，对于激发一个人的潜能，作用往往是最大的。

有一位推销员从朋友那里听到了这样一句话："每个人都拥有超出自己想象十倍以上的力量。"在这句话的激励之下，他决定在自己的销售过程中检验这句话。

于是他反省自己的工作方式和态度，发现自己把许多可以和顾客成交的机会错过了。这些情况往往是因为自己准备不充足、心不在焉或者信心不足。于是他制定了严格的行动计划，并付诸实践到每一天的工作当中。

比如，按计划走访大客户，增加每天访问的次数，争取更多的订单等。两个月后，他比较了一下自己的进展，果然他现在的业绩已经增加了两倍。一年后，他就验证了"每个人都拥有超出自己想象十倍以上的力量"这句话。数年以后，他已经拥有了自己的公司，在更大的舞台上检验这句话。

人们往往拥有自己都难以估计的巨大潜能。有人曾经在自己的公司里做过实验：将员工分成两组，一组给他们制定比平时高出一倍的标准，要求他们一次就把事情搞定；另一组则允许他们有两次机会。刚开始，第一组的工人对这个标准都认为不可思议，纷纷要求降低标准。

老板拒绝了他们的要求。一个月后，第一组工人已经全部完全达到了技术指标的要求。第二组中有的人就连为他们设定的低标准都无法达到。

这种情形使老板非常感慨，他也为自己制定了一个更高的标准，一个超出了当时行业标准的标准，这个标准的设定使他的企业迅速成为当地本行业的领头羊。

假如你和一般的失败者面对面地交流，就会发现他们失败的原因了。因为他们缺乏良好的环境，缺乏足以激发人、鼓励人的环境，缺乏从不良环境中挣扎奋起的力量，最终使得他们的潜能不能得以激发。

无论在你一生中的何种情形下，你都要不惜一切代价走进可能激发你的潜能、激发你走上自我成功之路的环境里。竭尽全力亲近那些了解你、信任你和鼓励你的人，他们对你日后的成功，具有不可忽视的巨大作用。

你更应与那些努力要在世人面前有所表现的人接近，因为他们有着高雅的志趣和远大的抱负。接近那些坚持奋斗的人，会使你在无意中受到他们的感染，从而激发自身的潜能。

我们每个人身上都有才能，比如，管理公司的才能、绘画的才能、写作的才能、思考的才能等。无论你的才能是什么，你都应尽量去发挥你的才能。

激活生命的种子

据说在日本，有几棵小橡树的主根被人们用钢丝捆绑起来。几年之后，他们惊讶地发现，那些没有被捆绑的橡树长到了80到100英尺高，而被绑住的橡树只有10英尺高。虽然它们都能存活同样长的时间，但是这几棵矮小的橡树却没有展现出本应有的生命力。

这种情况被我们认为是不正常的，事实的确如此，然而，这种不正常的情况每天都发生在我们周围。许多人用恐惧、忧虑的绳索将自己潜在的思想束缚起来，卡住为生命提供养分的通道。不仅如此，这些人还常常对自己无法展现活力感到费解，他们奇怪自己为什么得不到幸福、快乐和成功。

每个人的内心都有一颗生命的种子。它给予我们无穷的力量，让我们吸收足够的养分，以展示自己。但同时，它也给了我们选择权，我们可以使它充分吸收营养，也可以限制它的生长，一切都取决于你自己的选择。

你所需要做的，就是激活你的生命种子，不仅要为它提供生长的空间，还要使它能充分发挥自己的生命力。只要你有强烈的意愿希望它足够强壮，只要你坚信自己一定能做到，那么结果定会如你所愿。

安妮特·凯勒曼最初是一位残疾儿童，但后来成了一位拥有最完美身材的有魅力的女人。她的法宝就是，激发自己心中的种子，通过最真诚、最美的愿望调动肌体，使生命得到完美的展示。

11岁就残疾的乔治·周伊特，通过激发他生命的种子，通过他的强烈愿望，通过使他肌肉工作起来，使自己在21岁时成了世界上最强壮的人。

波斯军队的普通士兵雷泽·雷扎，后来成为波斯帝国的统治者；一个送水的男孩，最终成为阿富汗的总统……

他们都是利用强烈的意愿和坚定的信念来激发自己的生命的种子。他们不让任何东西禁锢自己的思想，而是让生命的种子自由地获取所有能量。他们知道那些前进道路上的困难不过是负面的影响，就像一打开灯就能消灭黑暗那样简单。他们关心的是实现理想，他们的所有目的都是为了理想。

在这些人成功之前，如果有人告诉他们的邻居说这些人将来会是国家的管理者，那么一定会遭到大家的嘲笑。他们的邻居会说："看看他们生活的条件吧，看看我们这里的环境吧。你不知道，他们很笨，什么都不懂。"

环境、条件，都是次要因素。而这些后来成为管理者的人，他们具有更长远的眼光，因为他们找到了首要因素，那就是激发生命的种子。他们为这颗种子提供了吸取养分的通道，使它能更好地生长。这颗种子后来长得枝繁叶茂，就是因为它吸取了足够的养分。

你的心中也有一粒生命的种子。它包裹着一个完美的身体，就像橡树种子里面有一棵橡树一样。这些种子都是具有生命力的，它能吸收到成长所需要的一切养分，然后展示出自己的生命力。

如果你处在疾病、残疾、丑陋的环境下，那么请自问一下，你真的很在意这些吗？如果你在意的话，一定是你自己或者周围的人用恐惧的钳子夹住了你的生命种子，而导致某些器官发生变异。

治疗的方法很简单，就是去掉钳子。现在的你，是缺乏生命力的，你需要激发生命的种子，并赐予它力量，让它吸收到所需要的养分。

很多人说这是不可能实现的。然而，精神的力量可以克服很多困难。生命的种子就在我们心灵里，它能帮助我们实现梦想。

利用你已经拥有的能量，你将得到无穷的回报。

《圣经》说："每一棵美好的树，结出的果实也是美好的；每一棵邪恶的树，结出的果实也是邪恶的。每棵邪恶的树都应该被砍掉，并投入火堆烧成灰烬。要区分它们很简单，只需要看看它们结出的果实就知道了。"

这里的"结出果实"是什么含义呢？是不是上帝在很早就找到了多种方法，来展示生命的种子？并且创造一切机会使它生长，使这个世界更美好呢？

要让一棵树长出果实，首先得让它开花。花瓣掉落时，会留下雌蕊。它会逐渐成熟，最终长成甜美的果实。

花朵就是一种美好的愿望，是活得快乐的途径。雌蕊就是实现这个愿望的行动，也是运行愿望的第一步，无论它多么微小。果实则是已经实现了的愿望。

中国有一句古语说得好：千里之行，始于足下。

如果你用强烈的愿望激发你生命的种子，如果你给它一个展示生命力的机会，那么你就可以要求得到任何实现愿望的要素，并且你的要求一定能得到满足。

但是，如果你成天无所事事，那么你的未来就会像今天这样，永远不会有进步。今天的你，是昨天梦想的实现；明天的你，也只是你今天愿望的实现。你不能只是安静地待在原地，你要不就前进，要不就后退。不断进步是生命的规律，如果你顺应了这条规律，那么你就会永远向前，取得一个又一个成功。

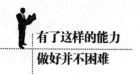

潜能无限

如何让生命发挥最大的潜能？如何才能让你心中的睡狮醒来？如果你能尽量地把每一天当成是生命的最后一天来迎接，并时刻对所有的事物心存感恩，同时要对自己的工作充满热情，同时也以爱心、关怀接受每一个人，这样才有可能将你身体中蕴藏的巨大的潜能发挥出来。一个在两年时间内成为亿万富翁的人说："其实每个人都有无限的潜能，只是你没有挖掘出它们罢了。请记住，我能，你也能。"

要发挥自身的生命潜能就要对潜能做有效的管理。

有这样一个故事，有一个落入沼泽中的人大声喊救命，这时拿破仑正好打猎路过，听到救命声，就跑了回来，举起手中的枪对着落入沼泽里的人，大喊："你再不爬上来，我就打死你！"那个人听见后，就拼命在水中挣扎，最后终于爬了上来。此人很疑惑地问拿破仑："你为什么要杀我？"拿破仑说："我若不吓唬你，你就不会拼命往岸上爬，你不就死定啦？"人都有很大的潜能，但是，人也有很强的惰性，得过且过的想法，往往让我们忽视了对自己潜能的发掘。

如果对生命做有效的潜能管理，从消极变为积极，就可以发挥你的潜能，要做到这些你就必须了解人生的最终的目的，也要知道自己到底想要什么，一生中哪些对你而言是最重要的，你一生中最想完成的事是什么。也许这些问题你从来没有思量过，但如果你能用一种系统的方法管理自我及周边资源，就会很容易达成人生的目的。

成功者与失败者的差别，是成功者能够自我管理、激励，并且做有效的时间分配，而失败者却不然。处理事件需知其轻重缓急，以危机事件（重要而紧急）、高生产力事件（重要而不紧急）等优先顺序来解决问题，这就是对自身的潜能的有效管理，因而这样很容易取得成功。

"如果我能像汤姆那样精于表达该有多好！""如果我能像莎莉那么会控制自己就好了。"如果，如果，这两个字我们每天不知道要说多少次。这是多么伟大的一个字眼！因为它可以将我们的想象力无限延伸，凡是做不到的事都可以拿它来当借口，也可以用来逃避责任。

可是，它也是多么不必要的字眼！毕竟，所有的假设的情况在未实现之前都不算数。尤其是当你用这两个字来与别人比较时，明知道自己的个性、嗜好、习惯都与他人不同，根本不可能。

社会不会轻易地将一项荣誉的桂冠戴在一个人的头上的。任何一项好成绩的取得，都是在永不服输的心态下取得的。任何人都有不服输的潜在能量。对手越强大，困难越难克服，潜能被激发得也就越强烈，越能坚持的人，往往能取得最后的胜利。浅尝辄止、遇硬就躲的人永远不会摘得甜美的果实。

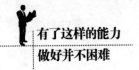
提升生命的潜能

人类最伟大之处，就在于他们能够认识到自身的伟大。这就是我们认识自身、发展自身的法则。因此，认识到我们蕴含在心灵深处的力量，并且努力摧毁束缚这力量的一切不良因素，对我们而言是非常必要的。

生命也是如此。也许我们不知道它是什么，可能永远无法明白，但我们却知道它是一种运行在生命体中的主要力量，只要遵循这种力量的法则和原理，生命的能量就永不止歇。能量既然如此巨大，我们就要提升我们的生命潜能，最大限度地释放精神、道德和心灵的功效。这就如同我们肉眼看到电流，但我们照样可以运用它，只要我们遵循电的法则，它就会成为我们的仆人。我们可以用它发动机器，照亮我们的家庭等。

在日常生活中，这种思维方式也有着同样的效果，就像一个带电的导线将电传到任何与它接触的物体上一样。内在的伟大力量就像一根导线，当心接触到它时，就会变得活力四射，把"我具有无限的潜力"当作生活和工作的信条。可以想象，要是让内在的伟大力量和它相接触，一定会碰撞出令人惊叹的火花。

只有持之以恒地坚持这种认识，我们才能从深层的生命中汲取力量，因为意识就是外在生命和内在力量之间的那扇门，而我们只能用我们的意识去打开这扇门。

圣哲说："有知莫如人，人者万物之最灵也。"人是万物之灵，其内在潜能是极其巨大的。美国学者詹姆斯有这样一项研究成果："普通人只发挥了他蕴含潜力的1/10。与应当取得的成绩相比，我们不过是半醒着的。我们只利用了我们身心资源很小的一部分……"

佛家谈到佛陀能在第一次看到一朵鲜花和在第五百次看到时有同样的惊喜，我们称这个能力为能够"活在当下"，它是能够抛开过去经验的一种能力。可是大多数人仍然活在"敏感递减法"里，而这种法则正是阻碍人发挥最大潜能的巨大力量。因为人们往往会用过去的心绪来妨碍当下的事情。

据介绍，如人的潜能被开发到一半的话，一个人攻读几个博士学位，亦是家常便饭。梭罗这样说过："人的能力是无法估量的。因此，我们不能凭先例来判断一个人能否做成一件事，因为人们过去做的事太少了。"

普通人资质平庸、软弱无力的主要原因就在于他们没有意识到自身的潜力，他们没有意识到自己具有深层次的生命，所以也就不会努力去探寻自己潜在的可能性。平庸的人活不出自己的内涵，他们认为这表面的肤浅就是自己的全部，因而也不会去追求自己内在无限的潜力。他浪费了这种巨大的潜能，一直没有打开那道门。常人都平凡，是因为凡人们脆弱的原因——他们软弱是因为他们选择了软弱，当他们开始选择伟大时，他们就会逐渐走上自己选择的道路。

我们都必须承认人类身上具有比平凡更多的潜力。我们也许会在力量的大小上有分歧，我们也都赞成这种潜力应该得到发展和运用。原地踏步、故步自封无论对于个人，还是对整个社会来说，都是错误的举动。特别是当我们能够做得更好时，我们应该向更高、更快、更强挑战。

理想的力量也应该被我们关注。当你有自己的理想，并且每时每刻都为这个理想而奋斗时，你就握住了无限的力量源泉，这种奋斗会激发潜能。理想应该是你脑海中最美好的画面。不要有一刻忽视它，要每时每刻都对自己的理想心存敬意。只有全身心去追求自己的理想，最终才能实现它。成功的人之所以成功，是因为他们集中精力，把自己的全部生命投入到理想的追求中去，这样就能不断发掘出自己的潜能。这些力量可以让你发挥出最大的能力，创造属于你的奇迹。当你的心灵坚持某一个理想时，所有的力量都会汇集在你的身上，帮助你实现自己的目标。当我们得到这些力量的支持之后，我们就可以达到任何自己的目标。

和理想相关的词是梦想。和没有理想一样，一个没有梦想的人也只是一个平庸之辈，他们永远不可能超越平凡。梦想和幻想将我们的思想提升到一定的高度，让我们感到世界上还有一些美好的东西值得去坚持，当这个美好的愿望激发出我们的热情时，我们不仅能够实现自己的愿望，而且会激发出我们内在的潜力。"一个缺乏幻想的国家必将灭亡。"这个论断我们经常听到，我们也知道其中的原因。这个道理也适用于个人。如果一个人缺乏幻想，他一定会每况愈下，但是如果他拥有幻想，就能够想象出完美的未来图景，并且一直坚持为实现它而奋斗。

爱的力量也非常强大，原因就在于爱能够牢牢吸引人所有的精力，让这些力量集中在理想、美好和完美的目标上。当你爱上某人时，你会看不见他的缺点，你的整个注意力都集中在那些优点上。就像前面说的当我们欣赏别人优秀的品质时，实际上也在自己身上发展这些品质。爱的力量总是可以将你引向更高层次的思想、性格和生命。我们就应该尽自己的努力去爱，爱那些生命中美好的事物。

一个男人爱上一个理想的女人，那个女人就是他的梦想，这样他在性格和人格上都得到了完善。当一个女人遇见了自己的意中人时，她也会变得更加光彩照人。她体内的美丽经过这种方式被焕发了出来。真爱的力量持久而有力，会影响人们生活的每一个方面，这也是人类天性中最高级的力量之一，我们都理解其中的原因，不需要更多的评论，应该好好地利用这种力量。

我们要提到的这些高级潜能的最后一种，也许是最为有力的一种，就是信仰。但是，我们一定要记住，如果我们希望利用这种力量，踏实的信仰不仅是教条或是任何规则体系；它是一种心理活动，是我们怀着信仰去做任何举动时的心理活动。当你对自己怀有信仰时，这种力量就会渗透进你的全身，唤醒你身上的一切力量。当你对某种能力抱有信仰时情况也是如此。信仰的力量也在于它可以让人全神贯注地实现目标。你虔诚地相信一个特定的方向时，你心灵中的全部力量会为你的这个目标服务。人类身体中再也没有比这更加巨大的力量了，信仰可以唤醒你身体里全部的能量，现在我们认识到了信仰是多么重要和有力了。

信仰会带给你最高的感受力，但这并不是它唯一的作用。你对自己越忠诚，别人也会对你抱有更多的信心。如果你连自己都不相信，那么又怎么能让别人相信呢？只有对自己抱有自信，别人才会信任你。当别人信任你时，你就可以做到以前想也不敢想的事情。

当一个人对自己极为忠诚时，他就像一根导线那样，无论身处何时何地他身上都会带有无穷的能量。这样的人才是做大事的人，可以在竞争中处于不败之地，可以赢得我们由衷的尊敬。同时他们还可以激发出他人的潜力，让身边的人不断提高，这些人给竞争增添了额外的价值。

做纯粹的自己

有很多人具有超群的智慧和非凡的才干，可是他们终其一生过的都是灰色黯淡的日子，从来没有做过哪怕是一件值得让自己骄傲的事情。究其原因，就是因为他们不懂得积极自我暗示的力量，从来不曾给自己一些积极的自我暗示。在消极的心理作用下，他们感到沮丧和彷徨，以至于对任何事物都失去了好奇和自信。在消极心理的引导下，做任何事情之前他们想到的不是成功而是失败，"如果一旦失败，有什么脸面见人呢？"因此，他们的激情和信心在做事之前就已经无影无踪了。

如果一个人一开始就相信所谓的宿命，自认为是个扫帚星，相信自己会倒霉一辈子，那就是世界上最悲哀的事情。从唯物主义的角度出发，所有宿命论都是骗人的，命运掌握在我们自己的手中，我们自己就是命运的主宰。

在现实生活中，我们总是会看到一些怨天尤人的人，他们抱怨自己没有好的家庭出身，抱怨自己所处的环境不能为自己提供发展的机遇；然而有一些人同样的出身贫寒，所处的环境同样艰苦，但是他们早已收获了成功的喜悦。

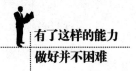
　　有句谚语：自助者天助。反过来说就是，假如一个人认为自己命中注定失败，那么就连上帝也爱莫能助。要让一个满脑子充满消极想法和失败念头的人取得成功，恐怕难于登天。假如一个人的脑子里都是失败和贫困的想法，那么这种想法也会充斥他的潜意识，也就是说，他自己的潜意识和外在的精神状态，已经成了他奋斗路上的绊脚石，这会让他所做的事情更加艰难。

　　为了自我推脱，人们总是喜欢用残忍和不幸来解释各种失败，其实那只是人们的推测和凭空想象的东西罢了。

　　在我们的生活中总会出现这样的奇怪现象，一些人看起来资质平平，没有什么特殊的能耐，但是却取得了辉煌的成就，于是我们就认为是神秘的命运在帮他，而且就是这种神秘的力量让我们在成功的门前止步。但事实上，我们的这种心态和想法是极其错误的。

　　其实是我们有自己不易觉察的缺陷，那就是我们不知道如何激励自己奋发前进。扪心自问，我们是否严要求过自己？我们是否对获取成功有强烈的欲望？我们有远大的理想吗？可以肯定，这些都没有。要想让自己也获取让人羡慕的成功，我们就必须改变自己，这首先就是要从改变我们的思想开始。我们要让自己对前程怀有美好的憧憬，坚信自己拥有无限发展的可能性；正确地看待自己，不自卑，相信天生我材必有用，认定自己可以做一些非凡的成功出来。

　　为了让自己成为理想中的那个人，努力加油吧！我们首先要做的就是为自己设立目标，明白自己希望什么样的性格和品质，一旦这样做，你会发现，你就会拥有一股强大的魔力和一种真正的创造力，这股力量会帮助你实现自己的设想。

我们都希望自己能够保持健康，让各种不幸远离自己，那么我们就要首先保持健康的心态。

这个法则同样适用于幸福。除了幸福，不要让消极的想法占据你的大脑。从内心深处认定自己是幸福的，让你的做事方式、思考、言谈、衣着看起来都像一个正在享受幸福的人。这就是你的精神图景，是你设想的精神模式。

同样地，我们要想变得勇敢，就要赶走心中的怯懦，只要我们怀着无畏的念头和思想，任何东西都无法使我们变成胆小鬼。

你或许会因为胆怯而耿耿于怀，或者因为害羞而郁郁寡欢，那么就从现在开始改变自己吧，只要你昂起头来，不再惧怕任何人任何事，就可以保持自信。当你这样做了，你就会克服性格中的弱点，甚至把曾经的弱点转变成自己的强势。

解决害羞问题的最好方法，就是为自己营造一种轻松、友好的环境氛围。你要这样告诉自己：没有人会盯住我的，大家忙得团团乱转，怎么会有人关注我呢？即使所有人都盯着我也没关系，我依然要坚持自己的生活方式，做纯粹的自己。

第五种能力
善于把压力变成推动力

　　欲成大事者，因目标高远，压力可能会更大。但若欲成大事，就必须能承受这种压力，把压力当成推进人生的动力。

用乐观的心态面对困难

　　杰克是家里唯一的男孩，他还有两个姐姐，因为他从小就很聪明又是男孩，就处处得到爸爸妈妈的宠爱。家里所有的事情都会交给姐姐们去做，时间长了杰克变得好吃懒惰不肯做任何事，整天游手好闲。爸爸妈妈慢慢地认识到了事情的严重性，如果继续这样下去他们会毁掉杰克的人生，于是他们便想了好多的办法去挽救自己的儿子，可是都没有使杰克振作起来。他们非常悔恨自己当初对杰克过于宠爱，导致他现在这个样子。爸爸妈妈为了能让杰克重新振作起来，到处寻求好的办法，一天，在出差的途中，杰克父母乘坐的飞机出了故障，两人双双遇难，杰克以前安逸的生活便就此结束了。在生活的逼迫下他开始慢慢地步入社会，一点点地成熟起来。当遇到困难时已经没有爸爸妈妈帮他解决了，他必须学会自己克服，学会自己战胜困难，经过不懈地坚持和努力他终于有了自己的事业，再也不用依靠别人而生存了。

　　往往安逸的生活，会磨蚀人们的进取心；只有经历磨难不断挑战才能激起一个人的活力。

　　每一个成功人士都会经历不同的困难，当他们遇到困难的时候，都会选择不断地坚持，他们会在困难中磨炼自己，使自己变得更加成熟。

有这样一个故事，一个仙人在天庭犯了法，他被玉帝惩罚，贬到人间来受苦受难。玉帝对他的惩罚是让他把一块巨大的石头推到一座高山上。

这个人每天都拼尽全力把这块巨大的石头推向山顶，他知道，只有这样做玉帝才会收回对他的惩罚，他才会得到释放，才会有可能告别这种痛苦的生活。不管是多么辛苦和劳累，他都向着一个目标前进着，那就是把这块巨大的石头推上山顶。可事实没有他想的那么简单，每当到了晚上他回家休息的时候，这块巨石都会滚回原来的位置，于是他又得使尽全身的力气往上推。他面临的是一次又一次的失败。因为玉帝的目的就是折磨他的心灵，叫他永远看不到成功，永远活在失败的阴影下。

但他并没有向困难屈服，他不肯向自己的命运低头，在面对失败的时候，他没有一点放弃的念头，而是一直地坚持着，他时刻提醒自己一定不要放弃。每当他接近成功的时候，玉帝都会让他以前的努力全都白费，失败的痛苦无数次地折磨着他，可他还是坚持了下去。

玉帝被这个人不懈的坚持感动了，他收回了惩罚，原谅了这个人，还把他招回了天庭。在经历了这件事情以后，这个人变得更加坚强了，在他看来这个世界上没有他完成不了的任务，他对自己充满信心。在以后的日子里，不管他遇到再大的困难，他都会一直坚持下去，而在每一次坚持过后迎接他的总是成功。玉帝对他非常满意，还后悔说当初不应该那样地折磨他。可他并没有记恨玉帝，而是非常感激地对玉帝说："玉帝啊，我会永远感激你的，是你的处罚，使我学会了在困难中磨炼自己，我才有了一颗永不放弃的心。"

坚强的意志都是在困难当中磨炼出来的，我们不要因为一时看不见成功就放弃了坚持，虽然我们还没有成功，可是我们在失败当中学会了磨炼自己，提高了我们战胜困难的勇气。只要我们拥有了这种勇气，就一定能战胜所有困难，取得成功。

每个人都会遭受失败，其实失败一点也不可怕，可怕的是我们不能在每一次失败当中吸取教训。如果我们把失败看作是一种磨炼自己的机会，那么我们经历的失败越多，内心就会变得越成熟。既然失败可以给我们带来好处，我们也就没必要去害怕它，要正确地认识它，学会在失败中磨炼自己。

美国作家布拉德·莱姆曾在《炫耀》中写道："问题不是生活中你遭遇到了什么，而是你如何地对待它。"每一个胸怀大志的人，都不应该在面对困难的时候选择逃跑和放弃，而是应该在困难中得到磨炼，从而在失败中崛起、抗争，自强不息地走下去。

很久以前有一支军队出国远征，一次又一次的战斗他们都失败了，那个带队的将军也受了重伤。回到营房后他躺在病床上，非常痛苦，几乎已经失去了战斗的信心。可是他想到出征前所有人对他的支持，还是不愿意放弃一点点的机会。在养伤期间，他仔细地回忆每一场战争，慢慢地总结失败的经验，伤好之后他终于获得了胜利，昂首挺胸地回到了自己的国家，他也得到了国王的奖赏。

其实所有的失败和危机都是我们锻炼自己的一次机会，我们要从失败中磨炼自己找到事情成功的关键，努力地去解决它，只有这样我

们才会战胜所有的困难。

在我们的人生中是没有真正的失败的，只是有些人在遇到困难的时候选择了逃避和放弃，这样他们才得到了失败。很多经历过失败的人都这样说："我已经尝试了，可不幸的是我失败了。"是的，在面对失败的时候，大多数人都会认为自己已经尽力了，只是运气不好，也就很坦然地接受了失败，可是我们有没有想过，一旦你接受了失败，就说明你已经放弃了你最初的理想，你之前所计划的一切都将白费了，一切都要重新开始，你需要重新打造自己的理想。可我们有没有想过，如果所谓的运气，再给我们带来失败，我们又该怎么办呢？难道又一次选择放弃吗？人生又有几次选择的机会呢？如果你一次次地选择放弃，选择逃避，你就会发现，你已经老了，已经不是年轻的自己了，有很多你以前可以做到的事情，你现在已经做不了了。最后等待你的是死亡，那才是真正的失败。

如果我们在第一次失败的时候就选择坚持，选择总结，而不是一次次地放弃，那么我们就会得到宝贵的经验，会得到内心的成熟。成功的路有很长，如果我们能在困难时总结经验，那么当我们遇到同样困难的时候就会有准确的判断力，就不会在像以前一样，走那些错路和弯路了。

每一次遇到困难，都是我们磨炼自己的机会，这样的磨炼会加强我们的承受能力，它会让我们对自己充满信心。

有两个年龄一样大的年轻人，他们在一所学校里读书，一直都是很要好的朋友。一个喜欢安定的生活，不喜欢做麻烦的事情，另一个却喜欢挑战，每次有新鲜的事情，他总是第一个冲上去。

大学毕业后，两个人分别被两家公司录用，他们所在的两家公司都很有实力。工作后，两人都非常地努力，没过多久都成了公司的部门主管。可他们都没有满足自己的现状，继续努力工作，各项业绩都获得了领导的好评，很快他们便又一次升职。当两人都成为经理的时候，喜欢挑战的那个年轻人主动辞了职，他希望能到外面多学一些经验，多磨炼一下自己，领导也批准了他。另一个年轻人却没有这样的想法，他对自己的工作很满意，可以得到不菲的工资，因为工作出色领导也很认同他，而且还有上升的空间，他选择了留下。

很快五年过去了，两个年轻人的事业已经取得了不错的成就，他们在当地都有些名气，年纪轻轻都做到了总经理的职位。

然而事情没有那么顺利，一场困难到来了。由于经济危机的影响，许多公司都面临不同的麻烦，有的甚至已经倒闭了。这两个年轻人的公司也受到了很大的冲击。喜欢挑战的那个年轻人的公司，在他不懈努力下，终于稳定了局面，他的公司没有倒闭，而是稳稳地站住了脚跟。

再说那个最初没有离开公司的年轻人，在他经营下的公司遇到困难的时候没有良好的解决办法，在面对经济不景气的情况下，他们只有利用裁员和减薪来维持公司的生存。

两个年轻人，有着同样的学历、同样的权利、同样的能力，可为什么他们公司的处境却完全不一样呢？不同的地方就是一个拥有丰富的经验，一个则没有。起初选择离开公司的那个年轻人在过去的几年里，他先后进入了几家公司工作，在不同的公司里，他都掌握了不同的经验；在不同的环境里，他磨炼出了更加坚定的意志。这段时间的工作让他积累了很多宝贵的经验，他的能力有了更大的提升。所以在遇到困难的时候他根据自己这些年总结的经验，拿出了相应的解决方法，才使公司渡过了难关。

而另一个年轻人在遇到困难的时候，他没有相关的经验，也没有更好的办法去化解困难，所以他没能帮助公司渡过难关。

由此可以看出，在工作当中需要的不仅仅是学历，更为重要的是经验，我们需要到各种不同的环境里去磨炼自己，让自己不断地进步获取更多不同的经验。这样当我们遇到麻烦的时候就不会迷失方向，我们会清楚地看清全局，战胜困难。

在日本有一个人，大家都称之他为"推销之神"。想必了解他的人应该非常熟悉他的名字，没错，他就是原一平，在他成功的路上也一样充满了艰辛和困难。原一平带着自己的简历，来到明治保险公司面试，负责的考官是木金次先生，他一脸的凝重，一边看着桌子上的文件一边对原一平说："推销保险的工作实在是太难了，每天都要完成很高的业绩，你一定不能胜任，还是到其他的公司去看看吧。"

原一平却没有放弃，他有着一股永不服输的勇气，在木金次先生说完这句话之后，他走上前去问道："好的！那请问我要完成多少业绩才能够进入贵公司呢？"

"每个人每月要达到一万元。"

"是每人每个月都要推销到一万元吗？"

"那是当然的了"

原一平当时堵着气说道："那好吧，既然是这样，那我就每个月也推销一万元好了。"

考官看了他一眼心想：说大话的家伙，他怎么可能完成每个月的业绩。然后考官做出不理不睬的样子，还发出了一阵奇怪的笑声。

公司没有正式聘用原一平，仅仅同意试用他，在此期间，没有一分钱的工资，可他还是非常愿意在这里工作。他身上没有钱，为了节省开销，他只能在各个方面做出节省。他为了省钱，每天只吃一顿饭，出门的时候从来都不坐电车，住的地方也非常的简陋，他在东京的木黑租了一间很小的房子，房间非常小，只能容下一个人睡觉。

然而就是在这样非常困难的环境中，原一平也没有屈服，他努力地战胜了所有的困难，经过了自己不懈的努力，他终于在推销保险的行业里取得了令人羡慕的成功。他在很多人的心中都有着崇高的地位，是一个值得让人尊敬和学习的奇才。

如果我们可以把这个世界上的人分成两种：一种人是在遇到困难的时候，会用积极乐观的方法面对；而另一种人在遇到困难的时候表现的则是消极和悲观。两种不同的面对方法，就会产生截然不同的结果。

有一天一个悲观主义者和一个乐观主义者在黄昏时分的路上行走，悲观主义者触景生情地说："太阳正在一点点地坠落。"可乐观主义者却说："我们马上就会看见美丽的群星了。"

同样的一件事情，只要你面对的方式不一样，就会产生不一样的结果。

一个已经不可救药的赌徒，因为再也无力去偿还自己的赌债，走投无路，选择了自杀。这是一件让人感到悲痛的事情。赌徒虽然得到了解脱，可留在这个世界上的还有他的妻子和两个儿子。妻子根本就没有能力去抚养这两个孩子，只能靠他们自己的能力来养活自己。

时间过去了很久，当别人问起这两个孩子成功和堕落原因的时候，他们的回答竟然是一样的，他们都说是受生活的逼迫，不得不努力地去做事。虽然他们面临的处境和让他们选择努力向上的原因是一样的，可是他们对人生的态度却大不相同，一个保持着乐观向上的，一个却丧失了信心，乐观向上的最终取得了自己满意的结果。可那个悲观的人对自己没有信心，处处都以消极的方法去面对，他最终却走向了犯罪。

其实在困难中并不能自发的造就出人才，也不是每个人在面临困难的时候都会取得成功。我们应该做的是，在遇到困难和挫折的时候要学会在困难中磨炼自己，在困难中拥有一个积极、乐观、向上的心态，只有这样我们才会战胜困难，才会在困难当中得到收获。

不向困难低头

在我们的生活当中，其实失败和成功就在一线之间，有的人在遇到困难的时候选择了低头，可有些人在遇到困难的时候选择的是昂首挺胸地走下去，在你选择了不同的方法去面对困难的同时，你也就选择了自己的命运和自己的未来，也选择了成功或是失败。

其实成功并没有那么难，只要我们敢于去迎接挑战，决不在遇到困难的时候选择放弃，要向前看，勇敢地走下去，在我们战胜一个个困难的时候，其实我们就已经在接近成功了。

有很多人把自己失败的原因归于运气、能力等其他的因素。他们永远都不会说自己懦弱，不会说自己没有办法战胜苦难，在遇到困难的时候他们就退缩了，所以找一大堆借口来掩盖自己的懦弱。能够取得成功的那些人，他们都有一颗坚强的心，不管遇到再大的麻烦他们都不会向困难低头，也不给自己找任何借口，他们认为在遇到困难的时候唯一可以做的就是坚强地战胜它。而不是找各种理由来掩盖自己的懦弱，那样只会让自己变得更加懦弱。

一些人怀着一身的才华和远大的理想，却一生都没有成就。一部分原因就是他们没有战胜困难的勇气。在每次遇到困难的时候他们都不能勇敢地去面对，就连尝试的勇气都没有。他们害怕失败，这些人觉得自己这样的优秀，一旦失败了就会招来别人的讽刺，就会失去原有的形象。所以他们连面对困难的勇气都没有，就更别说去战胜困难了。这样的人永远都不可能取得成功。我们不但要拥有面对困难的勇气，还要勇敢地去战胜困难，决不在困难面前低头。

在一次体检当中，有两个人被怀疑是得了肺癌。在给他们做透视的时候，他们的胸部都有一块阴影，医生准备为他们做了详细的检查。

两个人坐到了一起，第一个体检的人对第二个体检的人说："如果我真的患了癌症，那将用上帝留给我的时间去旅行，去我以前想去的地方，我不想让我的人生留下什么遗憾。"第二个人听了这番话后，非常地赞同，他也有这样的想法。很快医生为他们诊断出了结果。第一个人的确得了肺癌，他的病情随时都会恶化，有可能是一年，有可能是一个月。上帝留给他的时间不多了。而第二个人并没患有癌症，只是一块肿瘤，只要把它切除就不会影响到身体健康。

第一个人得知了自己的病情后，并没有听从医生的建议：让他留在医院，一旦病情恶化可以得到及时的治疗。他选择了离开，准备去完成自己以前的理想，去自己想要去的地方。可第二个人却留了下来。

第一个人离开医院后，辞掉工作开始了自己的旅行。在以后的时间里他每天过得都很开心，去了很多以前想要去的地方，吃了很多自己以前想要吃的小吃，他快乐地度过每一天，早就把自己生病的事忘在了脑后。当他知道自己身患癌症后，并没有放弃自己的生活，而是坚强地战胜了病魔，勇敢地去实现自己的理想。正是这种勇气让他从新认识了生活，做了自己想做的事。

当我们面对困难的时候一定要拿出勇气积极地去面对，只有敢于面对困难的人才可能有机会战胜苦难，如果一个人遇到困难都选择逃避，那么他就连体验失败的机会都没有。我们不需要惧怕困难，有些时候困难只是出现在一件事情的表面。只要我们勇敢地面对它，不去在意周围环境给我们带来的任何影响，那么当你战胜困难的时候就会发现，其实它并不是一件可怕的事情，你完全有能力去战胜它。

有一处山势险恶的大峡谷，两面都是悬崖峭壁，下面是奔腾的水流。要想从这里通过，唯一的一条路就是峡谷上面的一座吊桥。这座桥看上去并不是很安全，只是用几块木板简单搭建而成的。

一个聋哑人和一个正常人同时来到了桥头，聋哑人因为听不见峡谷下面奔腾的水流和耳边呼啸大风的声音，所以并没有对这些感到恐惧。而那个正常人却不一样，他被水流声和呼啸的大风吓坏了，两条腿都有些发抖。可要想通过峡谷，眼前这座桥是唯一的出路，他们都有事在身没有别的选择。

聋哑人先走上了桥，他扶着旁边的铁链一步一步地往前走。没过一会儿他顺利到达了对岸，回头看了看那个正常人，就继续赶路了。

那个正常人一点点地靠近吊桥，他被吓得满头大汗，两手紧紧地抓着旁边的铁链，越靠近中间桥就晃得越严重，脚下的急流发出"哗哗"的声音，他被吓得两腿发软，再也没有办法前进一步了。他想回去可自己的脚根本就不听使唤，在一阵挣扎后他实在是坚持不住了，脚下一滑就这样离开了这个世界。

聋哑人能顺利地通过吊桥的原因是因为他听不见水流的声音，这样就减少了他的恐惧感，当他内心没有了恐惧，便很轻松克服了眼前的困难。这个正常人失败的原因就是他被表面的恐惧吓倒了。他没办法克服这样的恐惧最终导致他失去了生命。

在我们生活和工作中也是一个道理，有很多困难只是存在于表面，如果你鼓足勇气去克服和战胜它们，就会发现其实你面对的困难并没有自己想象的那么可怕，你完全有能力去战胜它。当我们遇到困难的时候千万不要退缩，也不要让自己的内心产生恐惧，勇敢地去面对它，绝不向困难低头。

用失败磨炼自己

"失败乃成功之母"这句话想必大家都已经非常熟悉了，在每个成功的背后都有着无数次的失败，是那些无数次的失败积累在一起，才使我们取得了成功。在生活中很多人惧怕失败，因为他们觉得一旦失败，所付出的种种努力都将白费。其实我们不用把失败看得如此的可怕，因为在每一次失败后，我们都会取得进步，可以得到宝贵的经验。在取得成功的道路上这些经验会帮助我们正确地分析每一件事情。只要我们在失败中获取教训，积累经验，那么每一次失败都会更加坚定我们对成功的信心。

生活在这个世界上的每个人，都不可能逃过失败。因为失败是我们生活中的一部分，它和我们的人生是一个整体，是没有办法把它切除掉的。如果一个人的一生没有失败，那他的人生就不是完整的，这样的人想要取得成功是一件很难的事情，也可以说几乎是不可能的。对那些真正想要取得成功，对自己的目标充满信心的人，根本就不会有所谓的失败。他们把失败看成是一次磨炼自己让自己提高能力的机会，把失败看成是成功路上的一块基石。每一次失败后他们都可以从中吸取教训，让自己变得更加成熟，对于这些对自己理想怀有极大信心的年轻人来说，根本就没有真正的失败。

无论任何人想要取得成功，都会遇到困难，都会遇到失败。一个人不可能不经历失败就取得成功，也不可能只经历失败不取得成功。往往经历失败越多的人取得的成就就越大。

千万不要因为一时的困难失败而放弃成功，我们可以把失败看作是一次成长的机会，既然我们已经跌倒了，那为什么不利用这次机会感受一下重新爬起来的滋味呢？要记住失败并不是一件可怕的事情，可怕的是你不能勇敢地站起来。虽然我们在失败后会失去一些东西，可在失去这样东西的同时也一定会有所收获。

一个小男孩在玩耍当中把手插进了一个花瓶。花瓶的里边空间很大，可是瓶孔却很小，孩子的手拿不出来急得直哭。妈妈听见哭声后急忙从外面跑了进来，当她看见眼前这件事情的时候，也没有什么好的办法。她试图把孩子的手从花瓶里拉出来，可每当她一用力孩子的哭声就会越大，她知道儿子一定很痛。没别的办法只有把这个花瓶砸碎了。可这不是一个普通的花瓶，是前不久老公从国外买回来的，价格很高。可为了孩子的安全，也只能这样做了。她把花瓶砸碎后，把孩子的手轻轻地拿了出来。可不知道为什么孩子的手却一直都握着拳头，不管妈妈怎么说他，他都不肯把手伸开。小男孩不敢伸开手，因为他知道自己闯祸了，其实他完全可以把手从花瓶里拿出来，只是他不想放弃手中的一枚硬币。

妈妈为了保证儿子的安全，失去了古董花瓶。它的价值要超出孩子手中的硬币几千倍。如果小男孩放掉手中的硬币，妈妈也就不会砸碎这个珍贵的花瓶。在我们失去一样东西的同时就一定会得到另一样东西，有失才有得，这个道理永远都不会改变。

在我们生活和工作中也是这个道理，当我们失败以后的确会失去一些东西，可我们一定也会有所收获。失败是取得进步和积累经验最好的帮手，在每次失败后我们都会发现，自己变得成熟了，想要取得成功的信心也更加强大了。

虽然每个人都不喜欢失败，对大多数人来说失败是一件不幸的事，可这样的不幸有时候也是一种机遇，如果我们把这次不幸运用得得当，它很有可能就是一次取得成功的机会。

一个孩子正和爸爸在自家的院子里扫雪。他们把清除的积雪堆在了一棵大树下面，孩子问爸爸为什么要把雪堆在大树的下面，爸爸回答他说："因为等到明年春天，天气暖和了雪就会融化成水，这样这棵大树不就可以吸收这些水分吗？"孩子听了爸爸的话后感觉很有道理，对爸爸说："原来是这样呀！我明白了。"孩子看了看这棵大树，又对爸爸说："这棵大树的树皮已经脱落了，树干也都黄了，看来它一定是死掉了，我们费了这么大的劲把雪堆在它下面，看来都要白费了。"

爸爸笑着回答儿子说："虽然从外表上看这棵大树似乎已经死了，可现在是冬天呀！也许明年春天它还会好起来的。"

果然到了第二年的春天大树开始萌芽，它活下来了。等到夏天到来的时候它还可以帮周围的人们遮挡阳光。

这个孩子长大后成为了一名教师，尽管很多年过去了，可他一直都记着小时候爸爸对他说的那段话。而这句话在很多时候都会体现在其他的事情上面。当年他班上的一名同学因为伤病耽误了很长时间的学习，这个同学本来的成绩就不是很好，再耽误这段时间以后就更差了。这位老师并没有放弃他，而是继续耐心地为他补习功课。后来这个同学竟然成了一名出色的大学生，毕业后还成功地创办了自己的公司。这样的例子有很多，在老师认真的教导下，那些曾经遇到过不幸的孩子有很多都取得了优秀的成就。他们有的成了领导，有的成了老板，还有一些和他们的老师一样，成为了一名优秀的教师。

失败的确是一件不幸的事，可这样的不幸在很多时候也可以给我们带来成功。

失败是一件没有人能避免的事情，既然我们避免不了，那就要勇敢地去迎接它，只要我们正确地面对失败，那么失败也是一种成功，我们可以从中得到很多帮助我们取得成功的知识和经验，所以每一次失败都是在为自己成功的道路铺垫坚硬的基石。

不要停留在失败之中

在每一次失败后，我们都会感觉到失落和痛苦，可是只有这种痛苦才会让我们得到很有价值的教训，失败只是存在于心中的一种感觉，是我们在实现自己目标过程中的一部分，它会让我们有一种消极的情绪，可我们一定要战胜它，学会从失败中勇敢地走出来。在成功的旅途上没有一帆风顺，如果所有的一切都是那么顺利的话，那么当困难来临的时候我们会发现自己是那么的不堪一击。

当我们遇到失败的时候千万不要失去信心，不要因为失败了，就让自己一直沉迷在失落当中，始终摆脱不了失败的阴影。其实这没什么，只是我们人生当中一次小小的坎坷而已，我们要振作起来，让自己勇敢地从失败当中走出来，然后鼓足勇气，重新迎接挑战。"从哪里跌倒，就要从哪里站起来。"天下没有过不去的难关，只要你能勇往直前。

提到林肯，想必有很多人都非常敬佩他，他是世界上最伟大的总统之一。其实他的一生当中经历了无数次的失败，可即使是无数次的失败也并没有让他放弃自己的生活和理想，在面对每次失败的时候，他都没有退缩，而是一次次勇敢地从失败当中走出来，面对新的生活。1832年，林肯失业了，这是一件让人伤心的事情，可他并没有选择放弃，很快他就告别了失败给他带来的痛苦，开始了新的生活。他下定决心要成为一名政治家，当一个州的议员。可接下来他不得不面对又一次失败，他落选了。仅仅在一年当中他就遭受两次打击，这对他的影响显然是巨大的。可这两次失败并没有打倒他，他又开始创办企业，可没过多久，他不得不又一次遭受打击，企业倒闭了。这次企业倒闭让他欠下了大笔的债务，在以后的17年当中他为了偿还债务四处奔波，尝尽了各种苦难。

林肯一生所遇到的困难数不胜数，可不管什么样的磨难都没有让他放弃自己，他总是能从困难中坚强地走出来。经过反复的磨炼，最终他在1860年成功地当选为美国总统。

林肯之所以成为一名伟大的总统，是因为他在遇到困难的时候没有退缩，而是始终坚定自己的信心鼓足勇气重新开始，努力完成自己的理想。

彼得出生在澳大利亚，他从小就特别喜欢读书。他从书中提取了这样一段话，始终都在坚定着自己的信心，相信自己的能力："最重要的是，真实面对自我，奉行不悖，昼夜不忘。"

在还没有从事免疫研究以前，彼得几乎走遍了大半个地球。最后他来到美国田纳西州一所儿童医院，开始了他的免疫研究学。

在他取得成功的路上充满了坎坷，想要承办一个医学研究室并不是一件简单的事，在这期间他经历了很多磨难。在每次跌倒后他都没有让自己停留在原地，而是勇敢地站了起来鼓足勇气重新再来。一次次地跌倒，一次次地重新站起来，在经历了种种磨难后，1996年彼得发现肝病是一种典型的免疫诱导素缺乏症。这一发现让他在免疫学上取得了巨大的成就，他的成功为他赢获了诺贝尔奖。

一只小象在迁徙受了伤。在象群通过一条小河的时候小象被一块石头绊倒了，象妈妈用自己的身体阻挡着庞大的象群。尽管这样小象的腿还是被经过的象群踩伤了，它用尽全力想要让自己站起来，想跟上前面的队伍。可腿伤实在是严重，每一次用力都会感觉到剧烈的疼痛。站在旁边的象妈妈很着急，因为它知道一旦小象站不起来，那它们就没办法跟上前面的队伍，想要独自完成迁徙，是不可能的事。它不想离开自己的孩子，希望小象能够站起来。虽然小象的腿受了伤可还好没有伤到骨头，只要它能站起来就可以跟上前面的队伍。象妈妈一直在旁边轻声地叫着，它好像是在鼓励小象。小象也没有放弃自己，它努力地挣扎着把身上全部的力量都使了出来。它终于站了起来，在象妈妈的陪同下，小象一瘸一拐地追赶着前面的象群。

在我们遇到困难的时候千万不要让自己停留在原地，要让自己勇敢地站起来，要学会从困难中走出来。只有这样我们才能跟上所有人前进的脚步，才不会让自己脱离成功的队伍。真正能打败我们的并不是困难，而是我们自己。无论我们遭遇到什么样的失败，都不要让自己停留在失败当中，不能一直的抱怨。我们应该从失败中总结经验，并勇敢地走出失败，只有这样我们才会告别失败，接近成功。

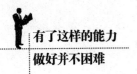
不断超越自己

在每个人的一生当中最难超越的就是自己，可是最需要超越的也是自己，因为只有超越自己，才会取得进步。我们不要把目标定为超越别人，每个人都有自己独特的一面，我们要按照自己的禀赋来发展自己，然后不断超越自己，在你每一次超越自己后，你就会发现自己在走向成熟、走向稳健，而生命也会变得多姿多彩。只有不断超越自己才是我们最好最大的进步。

如果一个人想要让自己不断地进步，想要取得一个辉煌的人生，最应该做的就是要不断地超越自己。其实想要超越自己，不断地让自己成长，并不是一件简单的事。我们需要很大的勇气去承认自己的缺点和错误，然后改正它们，才可以让自己变得更加完善。这就和一场赛跑一样，那些真正懂得比赛的运动员都非常清楚这一点：就是，要想战胜对手，首先要做的就是战胜自己。把自己的潜能全部发挥出来，让自己不断地进步，超越自己的极限，这样才会创造出理想的成绩。

一个小院子里住了两户人家，每个家庭都有一个孩子。这两个孩子从小就是好朋友，他们在一所学校里读书，每天男孩都会叫女孩一起去上学。虽然一直生活在一起，也同在一个班级里面读书，可他们的成绩却完全不一样。女孩从小就很聪明，学什么东西都特别快。这个小男孩则是有点傻傻的，尽管他非常努力地学习，可他的成绩一直都没有太大的提高。为此他感到失落，甚至还产生了自卑的心理。他感觉自己很没用，为什么自己这样努力，却还是比不上邻居家的女孩呢？他的爸爸非常了解儿子的心，就安慰他说："孩子，你不要因为自己提高不了成绩而感到伤心，更不要用别人的成绩和自己对比，只要你每天都进步一点，就已经是成功了。我们不必将自己和别人比较，如果是这样，那你最多也就是个'追逐者'。你想，一个永远跟在别人后面走的人，怎么可能会取得好的成就呢？"

那个女孩一直都认为自己很聪明，从来都不喜欢尝试一些新的东西。在她眼里，自己已经是一个能力很强的人了，不需要再去学习其他的东西。她的一生过得虽然稳定，可并没成就出一件大的事情。可那个有点笨的男孩却取得了巨大的成功。虽然他没有足够聪明的头脑，可是他一直都在尝试新的东西，他总是向自己发出挑战，希望能从中获得更多的知识，能够成功超越自己。

在我们的生活中会有很多这样的人，他们虽然有着超出别人的知识和能力，可最终他们所取得的成就却远远不如那些能力和知识低于自己的人。原因就是他们过于骄傲，总认为自己是最优秀的人，从来都不去超越自己，使自己一直都停留在原来的位置上。这样的人不可能得到成长，他们一生都将停留在原地不会有任何进步。

一个从来都没有人关注的运动员在一次跳远比赛中获得了冠军。在他登上领奖台的那一刻，现场的每个观众都为他出色的能力而感到震惊。他没有大赛的经验，也没有非常有名气的教练，可他竟然超越了那些一直很受关注，被大家称为夺冠热门的运动员。

当比赛结束后，这名运动员接受了一家电视台的采访。当记者问到他，是什么力量让他跳出这么好的成绩最终取得冠军的时候，他是这样回答的："这还要从一次意外开始说起。除了练习跳远，在其他的时间我也会练习跑步，因为练习跑步可以增强我的耐力和爆发力。而我练习跑步的地点就是在一座山上。一次在我加速冲过一个山坡的时候，面前突然出现了一道深沟，当时我没有办法让自己停下来，因为那时我的速度实在是太快了。唯一的办法就是从上面跳过去。一旦失败后果不堪设想，那道沟足有四五米深。我猛地一跃竟然跳了过去。后来我发现这道沟的宽度要远远超出我平时训练所跳的距离。于是在以后的训练当中我每次增加距离后，都要把这段距离看成是一道深沟，如果我跳不过去就一定会被摔个半死。经过一段时间的训练我的成绩不断提高，我一次次地超越自己，最终我得到了这块金牌。"说话的同时他亲吻了一下挂在胸前的那块沉甸甸的金牌。

每个人都在进步，我们千万不要让自己停下脚步。到什么时候也不要对自己的成绩感到知足，只要活在这个世界上一天都要认真地学习，不断地超越自己，只有这样我们才不会被淘汰，让自己始终都跟得上前进的脚步。

其实超越自己是一件让人感觉非常快乐的事。在每一次超越后我们都会变得更加成熟，更加稳重，还会让我们的人生变得更加辉煌。人生需要不断地超越自己，只有不断地超越，才能让我们站在成功的最高点。

在一个花园里摆放着一座美丽的雕像。它被雕刻得非常漂亮，每个经过这座花园的人都会停在雕像的下面仔细地观察一番。

一天，摆在雕像下面的石头非常生气地对雕像说："为什么我们同样是石头，可你是那么的漂亮，每个经过这里的人都会停下来看你，而我却是如此的丑陋，没有一个人愿意多看我一眼。"雕像笑了笑对铺在地上的石头说："我们虽然都是从一个山上采下来的石头，可我是经过那些雕刻师成千上万刀雕刻出来的，可你只是简单地挨了几刀就可以了。"通过这个寓言故事，可以说明一件事：那就是，只有付出得多，才会得到相应的回报，才会得到尊重，才会超越众人，成就自己。

如果你想要取得成功，就一定要不断地超越自己。只有不断超越自己，你才可以让你脱离平凡，才可以拥有最后的成功。

敢于迎接挑战

在一个周末舞会上，一个很漂亮的女孩坐在一边休息，看上去她好像是有点累了。她留着一头长长的黑发，一双大大的眼睛，即使是坐在那里也可以看出她的个子很高。就在这个时候一个男孩朝她走了过去，他的长相虽然不是很俊朗，可给人的感觉特别亲切。他走到那个漂亮的女孩面前，很有礼貌地向那个女孩微微鞠了个躬，伸出手说："你好，请问我可不可以请你跳支舞？"女孩有点累了，本来不想接受他的请求，可是看他这么的有礼貌又不忍心。她带着一点疲倦接受了男孩的请求。在他们跳舞的时候，女孩发现，这个男孩好像没有自己高。她便随口说了一句："我好像比你高呀！"在她刚说出这句话的同时，就有一些后悔，由于她在自己的朋友当中个子是最高的一个，所以这样的话她已经说的习惯了。可是现在和她一起跳舞的并不是她的朋友，说出这样的话很容易伤到别人的。

男孩听了她的话以后并没有表现出尴尬，而是对她微微一笑说："哦！是吗？那我要挑战自己。要是把我的博士论文垫在脚下的话，我想我一定会比你高的。"

原来他是一名博士，还发表过很多让人非常敬佩的论文，在学校里也赢得了很多人的尊重和羡慕。

后来他们成了一对夫妻，每当别人问起女孩，她的老公是怎么样追求到她的时候，她就会把自己的故事讲给别人听，尤其是那两句不卑不亢的话："我要挑战自己。要是把我的博士论文垫在脚下的话，我想我一定会比你高的。"

我们要有一颗敢于迎接挑战的心，只有挑战自己才会进步，才会得到自己想要的东西。

每个人的成功都离不开冒险和挑战，如果这个世界上没有挑战，就不会有成功。从某种意义上讲，所挑战的困难有多大，你获取的成功就会有多大。挑战是成功最基本的前提，如果你拥有一颗勇敢迎接挑战的心，那你注定就不是一个平凡的人。如果你是一个刚刚踏入社会的人，你需要一颗敢于挑战的心，它可以帮助你取得成功的机会。如果你是一个已经取得成功的人，那你应该需要一颗挑战的心，它可以让你取得更大收益。虽然每一次挑战不见得都会成功，因为想要成功只有一颗敢于挑战的心是不行的，可一旦你缺少挑战的勇气，不管你其他的因素有多好，都很难走向自己人生的最高点。那些不敢迎接挑战的人还没开始奋斗，其实他们就已经失败了。没有不起风浪的大海，也不存在没有坎坷的人生。挑战困难意味着让我们的生活更加丰富。

我们经常会看到这样的一些人，他们对生活没有一点上进心，日子过一天算一天。他们认为，能够顺其自然随心所欲才是最好的生活方式。但是，如果事事顺其自然就不会得到磨炼自己的机会，那也就

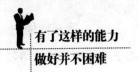

不会有所成长，你将永远停留在一个无所事事的人生里。

很多人希望自己的生活能够平平淡淡，在没有风浪的大海里遨游。可这根本就是一件不可能的事，谁能知道自己未来的命运会是什么样子，你就可以保证大海不会起风吗？当然没有人可以保证。如果我们一直这样顺其自然地活下去，没有一点想挑战的心理，那当你真正遇到风浪的时候就会发现自己连一点反抗的能力都没有，只能任人宰割。

巴乌斯住在里加海滨一幢暖和的小房子里。

这座房子靠近海边。在不远处有一个村子，里面的人世世代代都靠捕鱼为生。总会有一些人出去了以后就再也没回来。尽管这样的事情会经常发生，可这里的每一个人都没有向大海屈服，他们仍然继续着自己的事业。因为他们知道想要生活就不能向大海屈服。

在渔村旁边，竖立着一块石碑。在很久以前这里的渔夫在石碑上刻下这样一段话：纪念在海上已死和将死的人。一天巴乌斯看到了这句话，当时他感觉有些悲伤。有位作家在听他讲述这句话的时候，却不以为然地摇了摇头说："恰恰相反，这是一句很勇敢的话，他表明了这里的人们永远不会服输，无论在任何情况下他们都要继续自己的事业。如果让我给一本描写人类劳动的书题词的话，我就要把这段话录上。但我的题词大致是这样：纪念曾经征服和将要征服海洋的人。"

其实生活就是这样，每个人都会遇到不同的困难和挫折，只要你勇敢地迎接挑战，相信就没有我们征服不了的东西。

在一次战役当中，某个军队被困在了一个小岛上。每个能通往小岛的路线都被敌军封死了，岛上的士兵已经没有食物了，他们坚持不了多久。增援部队都被对方击退了，对方的火力太强而且他们对每一个区域都很了解，根本就没办法接近。

时间已经过去半个月之久了，岸上的人本来以为岛上的战友已经全部遇难了，可是一个突然的信息让他们知道原来岛上还有几个战友坚强地活着，其中还有一名将军。他们修好了被炸弹炸坏的无线电，给自己的战友发过来一段求救信号。部队的总部决定再一次去营救他们。这次并不是派去大量的军队，因为他们知道敌人的防守实在是太周密，根本不可能让一支队伍从那里过去，哪怕你有再大的火力。

他们把这样的消息公布出去：如果有人愿意去营救岛上的战友，那当他们回来的时候就会升为上尉。虽然这是一次升级的好机会，可大家都知道这么一去十有八九就回不来了，所以消息已经公布一天了还是没有勇士出现，就在让司令感到恼火的时候，有四个勇士出现了，他们愿意迎接这次挑战，希望能把自己的战友安全地救回来。

在一番准备后这四个勇士出发了，他们利用夜色的掩护悄悄地潜伏到了小岛上，在枪林弹雨下他们没有一点放弃的想法，最后终于把岛上幸存下来的战友安全地救了回来。

回来后他们获得了荣誉和奖励。而那些没有勇敢站出来的士兵，永远都不会体会到那种激动和自豪的感觉。一个不敢勇敢迎接挑战的人，永远都不会体验到成功带来的快乐和喜悦，他们注定一生都活在灰暗当中。

每个人都需要勇敢地挑战，如果一个人失去挑战的勇气，他就不可能在思想上有所突破。每个人都希望自己有一个好的未来，取得一个辉煌的人生，有些人希望自己可以成为一位名人，有些人希望自己能成为一名富翁。但他们往往都在守株待兔，机会永远不会降临在那些整日就知道盼望和等待的人身上。即使有一天会降临他们身上那也是一种浪费，因为他们根本就没有能力把握住机会。

有一个年轻人在读书的时候就很优秀，在毕业后他总感觉自己有这么出色的能力，一旦有机会到来就一定会飞黄腾达。就这样他没有去找工作而是在家里呆呆地等着机会的到来，时间一天天地过去，半年、一年他还是没有等到合适的工作，他不相信自己有这么高的能力就没有人来聘请他，可事实就是这样，他一直没有等来机会。终于有一天他的一个同学给他打电话来，说自己的公司正在招聘，让他赶快来试试。

这个年轻人心想：这下机会终于让自己等来了，他可以充分发挥自己的能力了。可让他没想到的是，在他没工作多久就被公司给辞退了。虽然他认为自己很有才华，可随着时间的流逝他以前所学到的东西早就已经落伍了，他的能力已经跟不上这个社会了。于是这次机会就这样从他手里溜走了。

无论你有多大的才华和能力，都不要让自己停下来。每个人都在进步，一旦你停下来就注定会被甩在后面。那么即使有很好的机会摆在你面前，你也没有能力把握住。我们要不断努力，时刻挑战自己让自己不断进步，因为只有这样才能把握住自己的命运。

　　勇敢地迎接每一次挑战，让自己变得更加成熟，让自己的行动更加果断，让自己变得更强，把自己培养成一个伟大的人。如果你这样去做，相信你的生活一定会有巨大的改变，你一定会取得真正的成功。

第六种能力
善于以变应变

　　一个人能看清自己的现状，心态就会平衡许多，就能以一种客观的眼光去看待、认识这个世界，并且相应地调整自己的行为。

　　顺应时势，善于变化，及时调整自己的行动方案，这是成大事者适应现实的一种方法。

　　一个人如果没有和人打交道的高超技巧，没有把各种情况都考虑周全的头脑，灵活应变的手段，就根本无法驾驭大的局面，将很难成大事。

思路决定出路

有一个人在一家公司做业务。每天的工作排得很满，老板又像黄世仁一样天天向他要业绩。他感觉自己不堪忍受巨大的工作压力，也厌烦了老板那不近人情的逼迫。他认为自己在这样的环境下，简直就是暗无天日。他决定要换一份工作。

他把自己的想法在一次喝酒时告诉了好友。他好友听完他的叙述之后，对他换工作的想法非常支持，并且说："如果我是你，也不会在这样的一个公司长久干下去。"

他的好友停顿了一下，呷一口酒，接着说："不过就这样走了，对你的公司也没什么损失，你的老板大多会像清理废物一样打发你走，说不定还为你的离开暗自庆幸呢！"

"那怎么办？"

"这样吧，我这边帮你联系工作。你呢，在公司里好好表现一下。反正时间也不长，就当旅游度假了。"

他认为好友给他的建议很好。因为他也不想自己的离去，会被老板看作是垃圾扔进了垃圾箱，那么舒服惬意。

在接下来的时间里，他刻意让自己精神焕发，努力投入工作中。

他风雨无阻地拉单子、跑业务，认真回访客户，还把他们对公司产品的意见记录下来，总结后向公司做了汇报，同时也向老板提出了自己对这些问题的看法和解决方法。在这段时间内，他的业绩直线上升，同事们也对他刮目相看，他觉得老板也不再是自己眼里的黄世仁了，反而开始理解老板以前的行为。半年后，他被任命为新的销售部经理，薪水是以前的5倍多。他感觉自己精力充沛、意气风发。

这时，好友问他还换工作吗？他笑笑，说："不换了，我现在工作这么顺利，发展这么好。"

他的好友也笑了，说："这样就好！"

没有任何变化的同一份工作，最初的时候，案例中的这个人感觉"简直就是暗无天日"，从而萌发了跳槽的念头。可后来他因好友的一个建议，却令自己的工作业绩突飞猛进，自己也坐到了销售部经理的位置。这里面起决定性因素的，就是心态的转变。

其实，对于一名员工来说，跳槽未必就能改变当前的境况。好比一匹马，在一个槽里吃不惯主人喂的草料，难道到别人家的槽里，那家的主人会拿牛排喂它吃？何况相对于马来说，草料就是它最好的食物了。所以，在工作中遇到困难的时候，我们不妨转换一下自己固有的思路，让自己用一种全新的心态来面对同一个问题，或许就会有一个全新的认识，有助于我们更好地解决当前的困难。

史泰龙出生在美国社会最底层的一个家庭里。父母都以酗酒为乐，时常在醉酒后殴打他，来发泄心中的不满。他没念几天书便辍学了，像他父母一样酗酒，经常和人滋事打架。在他19岁那年，他突然意识到，他不能再这样生活下去了，要不会和他的父母一样。这样的生活，他不愿意再继续下去，于是他开始审视自己。身无一技之长的他觉得，只有当演员才是自己的出路，因为这个行业不需要专业的技术。想到做到，他立刻起身前往纽约去找电影公司。

由于史泰龙英语讲得不标准，长相也不怎么样，他跑了上百次电影公司，都遭到了拒绝。这时的他穷困潦倒，只能睡在他的小车里面，身上也只有不到100美金。他并没有因此放弃，他想："或许重来一次，结果不会像现在这样糟糕。"

于是，他又跑回去从第一家开始应征当演员，结果又被拒绝了上百次。他并没有气馁，又再次跑回去，向每一家电影公司重新介绍自己，还是被无情地拒绝了。

在多次失败后，他总结了自己失败的经验，认为自己应该转变一下思路了。

后来，他写了一个剧本叫作《洛基》，并拿着剧本到电影公司自荐，这一次，终于有一家公司愿意以7.5万美元的酬金用他的剧本，但不让史泰龙参加到电影里面。

当时史泰龙已经没钱吃饭了，但是由于公司条件苛刻，史泰龙没有动心，宁可不要这7.5万美元，所以他拒绝了公司的要求，这让老板非常惊讶。

后来，史泰龙终于当上了演员，他演的第一部电影就是他写的剧本《洛基》。从此他一炮走红，逐渐成为全世界片酬最高的男演员之一，基本酬金是2000万美元。

史泰龙之所以取得成功，除了他有着坚持不懈的毅力之外，还有就是他懂得转换思路。既然电影公司不给他直接当演员的机会，而他除了走这条路之外没有更好的路可走，那写一个剧本，以此来作为自己的进身之阶又何尝不可呢？事实证明，正是他这一心态上的变化，使他成了好莱坞的巨星。

20世纪40年代，加利福尼亚州有一家规模不大的自行车厂，由于第二次世界大战的原因生意很不好。这家工厂的一位老板杰克看到了当时百业凋零，只有军火行业是个热门，而自己又与它无缘。于是，他把目光转向未来市场。经过一番思考，他决定改装自己生产的自行车，并把这一想法告诉了另一个合作伙伴。

这个合作伙伴问他："把自行车改成什么？"

杰克说："改成生产残疾人用的轮椅。"

伙伴很不解，但还是按照杰克说的去做了。经过一番改造后，轮椅面世了。战争越来越残酷，受伤的人也就越来越多，许多在战争中受伤致残的士兵为出行方便，几乎都买了轮椅。杰克的工厂很快就接到订单无数，新产品不但在本国畅销，连国外的顾客也来购买。

合作伙伴看到工厂的规模不断扩大，不断获利，在满心欢喜之余又向杰克请教："战争快结束了，轮椅如果继续大量生产，需求量可能已经不多。未来的几十年里，市场又会有什么需要呢？"

杰克反问道："战争结束了，人们的想法是什么呢？"

"人们对战争已经厌恶透了，希望战后能过上安定美好的生活。"

　　杰克又说："那么，美好的生活靠什么呢？要靠健康的身体。将来人们会把身体健康作为重要的追求目标。所以，我们要为生产健身产品做好准备。"

　　于是，生产轮椅的机械流水线经过改造，又成为生产健身器的机械。

　　最初的几年，销售情况并不太好。这时杰克和合作伙伴已经去世了，但是他们的子女始终坚信父亲的超前思维，仍然继续生产健身器。结果不久健身器开始走俏，继而又成了热门货。当时杰克健身器厂在美国只此一家，独占鳌头。老杰克的儿子又根据市场的需求，不断增加产品的品种和产量，扩大企业规模，终于使企业走向了成功。

　　每一件重大事情的发生，都不可避免地会给我们的生活和工作带来影响，可能是有利的影响，也可能是不利的影响，而在不利的影响面前，就需要我们抱着一种积极的心态，转换一下思路，去寻找一条新的出路。所谓"柳暗花明又一村"，只要我们不被自己头脑中长久形成的思维模式束缚住，善于跳出去，转变一下思路，即便是"山穷水尽"的境地也不能羁绊住我们迈向成功的脚步。

突破思维定式

思维是人类最为本质的特征，是人类一切活动的源头，也是创新的源头。有了创新思维人类才没有越走越退步。一个人的思维能力总处在发展、变化的趋势中，但也会存在一种相对稳定的状态，这种状态是由一系列的思维定式所构成。

人们发现问题、研究问题、解决问题往往都是凭借原有的思维活动的路径(即思维定式)进行思维的。人们认识未知、解决未知，都是以已知或已知的组合、变换为阶梯。那么，如何才能提高思维能力呢？你可以试试以下的方法：

（1）不要成为书本的奴隶

曾经有位拳师，熟读拳法，与人谈论拳术时常常滔滔不绝，口若悬河。拳师打人时也确实战无不胜，可他就是打不过自己的老婆。令人难以置信的是，拳师的老婆并不是一位身怀绝技的武林高手。她只是一位不知拳法为何物的家庭妇女，但每每打起来，她总能将拳师打得抱头鼠窜。

有人问拳师："您是不是怕老婆才不敢打胜仗的？"

拳师恨恨地道："这个死婆娘，每次与我打架，总不按路数进招，害得我的拳法都没有用武之地！"

拳师精通拳术，战无不胜，可碰到不按套路进攻的老婆时，却一筹莫展。看起来有点可笑，但生活中我们不也常常犯这种错误吗？

熟读拳法是好事，但拳法是死的，如果盲目运用这种固有的知识，一切从书本出发，以书本为纲，脱离实际，必然会遭到失败。

知识就是力量。但如果是死读书，读死书，只限于从教科书的观点和立场去观察问题，解决问题，不仅不能给人力量，反而会抹杀我们的创新能力。所以学习知识的同时，应保持思想的灵活性，注重学习基本原理而不是死记一些规则，这样知识才能为我所用。

（2）不以经验为准

中国有句古话叫作"初生牛犊不怕虎"。初生的牛犊之所以不怕虎，是因为不知老虎为何物，在它脑中没有老虎可怕的经验定式。因此见了老虎，敢于本能地自我防卫，因此，初生的牛犊不一定就输给老虎。

在科学史上有着重大突破的人，几乎都不是当时的名家，而是学问不多、经验不足的年轻人，因为他们的大脑拥有无限的想象力和创造力，什么都敢想，什么都敢做。下面的这些人就是最好的例证：

爱因斯坦26岁提出狭义相对论；

西门子19岁发明电镀术；

巴斯噶16岁写成关于圆锥曲线的名著。

（3）突破方向性定式

英国讽刺戏剧作家萧伯纳很瘦，在一次宴会上，一位大腹便便的资本家挖苦他："萧伯纳先生，一见到您，我就知道世界上正在闹饥荒！"萧伯纳不仅不生气，反而笑着说："哦，先生，我一见到你，就知道闹饥荒的原因了。"

"司马光砸缸"的故事也说明了同样的道理。常规的救人方法是从水缸上将人拉出，即让人离开水。而司马光急中生智，用石砸缸，使水流出缸中，即水离开人，这就是正向思维的一种突破。

（4）突破维度定式

最常见的一种定向思维还有纬度定式，举一个例子来说吧，有一个问题问:在一块土地上种四棵树，怎样使它们之间的距离都相等？答案是将其中一棵树种在山顶上。找不到答案的原因是习惯于平面思维，没有建立立体的空间思维习惯。

认识对象、研究问题要从多角度、多方位、多层次、多学科、多手段去考虑，而不只限于一个方面、一个答案。

如果有人问你，由两个阿拉伯数字"5"所能组成的最大的数是多少？你肯定很快就会回答说是"55"；那么三个"5"所能组成的最大的数是多少？你也会很快就回答说是"555"；如果再问由四个"5"所能组成的最大的数是多少？恐怕你也会很快地回答说是"5555"。

这个答案对吗？难道就没有比"5555"更大的数了吗？认真思考一下，你就会知道由四个"5"所能组成的最大的数应该是"55"的"55次方"。那么你为什么就没有想到这样的答案呢？

社会进步需要创新，个人发展需要创新，只有不断突破思维定式、超越自我，人生才会更精彩。

敢于冒险

　　没有勇气的人生就没有色彩。无论你站在人生的什么地方，都不要忘记自己的梦，勇敢尝试，大胆实践，争取属于自己的人生美景。无可否认，所有的尝试都会令人感到兴奋，同时也会产生焦虑。但在生命的过程中，尝试既然是不可避免的事，何不干脆让自己放手一搏？

　　某公司高管马克，他喜欢冲浪，当他最开始选择这项运动时，就很清楚地意识到自己在对抗一股无法掌握的庞大力量。海浪的变化多端、捉摸不定，让他心惊胆战，他很清楚自己倘若有一点闪失，就很可能葬身鱼腹。但是他却把这些视为考验身心的大好机会，甚至主动寻找大浪，浪越大，对于他而言乐趣越多，他觉得自己即使可能会被浪击倒，一头栽进大海，也无所谓。他坚信不去体验就无法突破。也许正是受这种心态的影响，他成功地从一个小职员爬到了如今的总经理职位。

　　没有哪一项冒险可以毫无风险的成功，而我们的目标就是成功，这样我们就需要认真考察，确知哪些风险可以试试，哪些风险不能贸然行动。因此，你必须对外界因素以及你自己有个清楚的概念。在决定行动之前，一定要认真考虑，包括你在人生奋斗中所处的确切位置，以及哪个位置对你所产生的影响。也就是说，你必须考虑，若以现在的条件，假设失败了，是否还有后路可退，你有多少筹码，等等。

事情一旦开始，你就不能再想着输了，要想着赢。退一步说即使你的事情办砸了，你也不能过于灰心丧气，因为失败是每个人都必须经历的事情，是非常正常的。冒险必定会有冒险的代价，在决策时就应该把这种代价考虑进去。总之，既要敢于冒险，又要尽量减少风险成本，这才是成功之道。有些人在工作中总是循规蹈矩，不敢尝试新的工作方法，即使有一些想法也因为害怕而放弃尝试。结果常常是事倍功半，一辈子在平凡的工作岗位上没有一丝起色。

在人生不断尝试的过程中，适时加入一些冒险的成分吧！走错了路，大不了再转过头，沿原路返回。要知道没有冒险，就没有创新，就没有前进。那些成就卓著的人也许不是很聪明，但因为敢于尝试，所以，在尝试另一条路的过程中，他们成功了。

1915年，中国茅台酒第一次参加巴拿马博览会，但因其包装简陋而被展商小瞧，被挤在不起眼的角落里，几乎无人过问。茅台酒厂的一名销售人员气愤之余，想出一计，他提着一瓶茅台，走到展厅人多处，装做失手，"嘭"地一声，将瓶子打碎，顿时香气溢满整个展览大厅，闻香识美酒，这一下招来不少客户，这些以前无缘接触东方美酒的洋人无不被茅台的奇香所打动，茅台酒由此名扬国际市场。而那位销售人员也当之无愧地被封为功臣。

可见，没有授权的冒险和尝试也不一定就没有成功的可能。一旦你选好了角度，你的冒险和尝试很可能带给你意料之外的惊喜。

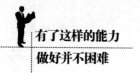

用另一个角度看问题

在现实生活中，当人们解决问题时，时常会遇到瓶颈，这是由于人们只停留在同一角度思考的缘故，如果能换一换视角，也就是我们所说的换另一面考虑问题，情况就会改观，创意就会变得有弹性。记住，任何事情只要能转换视角，就会有创意出现。

传奇人物"越位进球"的出奇之处往往来自他们的变换角度看世界。他们拥有智慧、激情和勇气，敢于突破传统，创造未来。与创造力相关的是：有能力的、聪明的、幽默的、不拘礼节的、有洞察力的、兴趣广泛的、有发明精神的、有独创性的、沉思的、随机应变的、自信的……徐悲鸿说："板桥先生为中国近300年最卓绝的人物之一。其思想奇，文奇，书画尤奇。观其诗文及书画，不但想见高致，而其寓仁悲于奇妙，尤为古今天才之难得者。"这就是传奇人物出奇的生命力和创造力。这些创造力不能不说是源于他们的另类视角。

就像是我们切苹果时一般都从蒂处落刀，把苹果一分为二。但切苹果就只有这么一种切法吗？如果我们把它拦腰切开，也许还可以发现更新鲜的现象。角度的不同、思维方式的不同让许多人获得了意外的收获。这就是世界的另一面，它往往隐藏着许多鲜为人知的秘密，如果我们不能换个角度看问题，就会对那些未知的事物充满恐惧，甚至被一些实际上很容易解决的问题大伤脑筋。日本的一家企业生产圆珠笔，但销路不好，原因是他们的笔芯经常会在笔墨没有用完之前，笔珠就磨损报废了。这让厂家一筹莫展，他们找了很多专家进行攻关，结果并没有太大的效果。最后，这家厂里的一名员工解决了这一难题。那就是把笔管的长度缩减，这样，笔墨会在笔珠磨损之前用完，这个办法看起来有点不可思议，但却是解决了很大的问题。

生活中有些问题不能解决，不是因为问题太过复杂，而是因为许多时候我们会受到思维惯性的束缚，经常把切苹果的过程归结为一种方法。即使是有一些新奇的想法也会害怕行之不通而最终选择放弃。可是那些想法如果付诸实施，往往会收到很好的效果。

曾经有一位书商这样推销他自己的图书：他拿了一本新书去见总统。总统很忙，没有时间看，但出于礼貌还是说了一句："这本书不错。"于是，书商利用这个机会大做特做广告，说某某书是总统推荐的。书很快就被抢购一空。于是这位书商又拿了一本书去找总统，这回总统怕再被人利用，便说了一句："这本书不好。"哪知道书商又一次大做广告，说现有一本受到总统批评的新书问世，结果再次引起了购买热潮，这位书商没隔几天又拿了一本新书去找总统，要求总统做些评论，总统鉴于以上两次的失算，干脆来了个一言不发。结果书商照样大做广告，说现有总统不好评论的新书上市，结果同样销售一空。

这位书商的做法看起来有点不可思议，甚至让一般人难以苟同，但效果却非常好。当然我们不主张用这种方式去赚钱，但这个例子可以说明一点，那就是换个角度看问题，你就可以得到你想要的答案。

其实我们常常可以在日常生活中训练自己换个角度想问题。比如说，一个年轻的妈妈想让刚买的婴儿床和自己的大床并在一起，这样就可以省去夜里的担心和麻烦。结果，在她想拆除小床的护栏时遇到了麻烦。她想按照床的设计，保留一个可以上下伸缩的移动护栏，而拆除那个固定的护栏，可是那个固定的护栏有着支撑床的功能，若拆掉，整个床就散了，这件事只好不了了之。直到有一天，这位妈妈站到床的另一面，她才突然发现，若将小床和大床靠在一起，即使没有移动护栏也无所谓，而拆了移动护栏以后，小床依然牢固，这个问题就得以解决了。如果她不走到床的另一面，她可能永远看不到这一点，而使自己陷入烦恼。

所以，只要我们在工作中学会变换角度看问题，经常积极思考，我们一定会成为优秀的人才。

放开你的思维

在很多知名企业的人才招聘考试中，都极其重视对一个人的思维方式及思维方式转变能力的考察。因为，这样的能力往往也是工作过程中急需的能力。面对一些题目时，我们必须解放自己的思维，这样才能在企业运作的过程中为企业的发展提出切实可行而又有效的建议，从而为企业创造更大的经济效益。所以，思维的力量是不可忽视的，不能突破自己固有的思维模式就不能有所成就。

生活中很多人经常被困在一个可怕的玻璃罩里，无法突破自己思维的高度。在前进过程中遇到了困难就选择后退，以后再遇到同样的困难就习惯性地选择回避，认为自己根本不行，还没有同困难作战，就已经束手待毙，被困境吓倒了，却不明白其实时间在改变着一切，曾经的困难也许对于此刻的你来说根本不算是困难，抑或困难本身已经随时间成为一种虚设。不勇敢尝试突破，最后只能将自己局限于越来越小的范围，以致丧失本来属于自己的机会。其实，有时只要换个角度，另寻方法，就完全可以跳出限制自我的玻璃罩。只要勇敢地跳出玻璃罩，困境也就不复存在了。到那时，再回头看曾经在玻璃罩中的自己，就会为自己当时短浅的目光和怯懦的心态感到可笑。所以，我们要不乏勇气地面对生活中的一切，勇于尝试，敢于创新，大胆地冲破身边固有的束缚，就算再难也要去尝试，使自己获得突破得到新生。要知道许多时候，得到机会是非常难得的，它需要我们舍弃一些东西，比如安稳的状态等，但一定要记住，如果想成功就一定要勇于尝试。需要你冲破的也许并非是你能力以外的困难，很多时候仅仅是冲破你内心的障碍就可以了。拥有这样的勇气的人，是令人敬佩和叹服的。不要让自己的行动败给了思维，不要让自己的思维束缚了自己的行动，学习尝试，不走出去，就不知道世界有多大；不真正地去做一件事，你就不会知道自己能不能成功。

很多时候，我们都是习惯于跟着潮流走，跟着习惯走，害怕自己掉队，也不敢独自去走新路，最后只有被饿死。而食物呢，也许就一直放在我们触手可及的地方。那些红极一时的社会潮流难道都是自己所适合、所选定的生活目标吗？那么多人都参与了，真正成功的又有几个呢？人云亦云的生活肯定会令你失去真正的自我。

所以，我们不是没有成功的可能，而是缺少成功的勇气和积极的思维。

要有创意

在现代这个竞争激烈的社会，创意决定了一个员工的命运，同时也决定了一个企业的命运。很多公司中非常经典的创意都是员工完成的。当然，他们也因为自己的努力以及为企业创造的巨大的价值获得了丰厚的回报。

一个好的建议，可以让一个面临破产的企业起死回生。能让一个默默无闻的公司名声大噪，也能让一个成功的企业扩大战果，独霸一方。所以，每个公司的老板都很重视员工创意的培养。

每个人都有创造思考的能力，同时你身边都有无数值得去发现的创意。只要多动脑筋，你就可以获得对公司、事业，乃至于自己的生活有所助益的创意。独特的创意不是少数聪明人的专利。只要你善于发掘并持之以积极的态度，你同样可以做到。否则，即使你有好的创意也会被你自己悲观的态度扼杀。

所以，在工作中你一定要充分运用这种能力，让自己的工作有创意、有新意的进行。这样不仅工作得顺利开心，还可以得到老板的重视。那么，如何才能做到这一点呢？

首先，你应该全面深入地了解你的公司，这是员工为公司提出创新性建议的前提。只是需要注意的是，盲目的说话会让老板对你失去耐心和信任。虽然你可能一直在公司工作，对自己的工作环境和工作任务非常熟悉，但作为一名员工，你对公司的经营战略和发展规划却不一定十分熟悉。公司的外界环境会不断地变化，发展战略和规划也要相应地变化。所以，如果你不了解这些动向，即使提出了一些建议也没有实际意义。

其次，根据调查显示，员工的创新型建议，90%是不切合实际的。但你不要因为害怕自己的建议不被采纳而不敢提出来。要知道，老板的建议也同样有90%是不合实际的。理解了这一点，你就不用担心自己提出的建议不被采纳而遭到老板的嘲笑了。如果你提出的建议有一些被采纳了，那么，这些创意就足以让公司保持发展的活力了。

最后，提建议之前做一些思考是有必要的。有的员工不管自己的老板喜不喜欢听意见，盲目上书，结果往往会让那些刚愎自用的老板拒绝甚至对你产生反感。如果你的老板从谏如流，和善近人，并鼓励员工把自己的想法说出来，那你就应该大胆积极地把自己的建议提出来。

此外，学会观察也是非常有必要的，如果你能够留意审视目前工作的内容和环境，你就会发现那些需要立即解决的事情。你应该多思考如何让公司的经营更具效率，这样你获得有益方案的可能性就会越大。

在你追求创意的时候，假如你尚未获得一个完整的有价值的成体系的创意就先不要轻易罢手。因为，创造的过程就是探索的过程，其间充满了未知和变数。所以在这个过程中由于太多的不确定你会很容易动摇的。这样一来，连你自己都没有自信的创意，如何能说服你的老板？所以，信心对于提高你的创意的成功率是至关重要的，一旦你犹豫了，动摇了，你的一切努力都可能化为乌有。

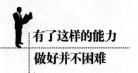
调整自己的思想

我们每个人都有自己不同的思想，无论是什么样的，它都将改变一个人的人生。每个人是没有权利去选择自己的命运的，但是不同的思想也可以决定不同的命运。

一个人的思想是什么样的，就会决定他未来有什么样的命运。

如果一个人的思想是邪恶的，他总想左右时间、空间，想凭着诡诈和计谋来达到自己的目的，那么他最终的结果一定就是失败。

如果一个人的思想是善良的，处处喜欢帮助别人，机会就一定会靠近他，尽管他可能经历了种种的磨难和痛苦，可是他最终一定会取得成功。因为他有一个很好的思想，一切困难都会好好地去面对、去耐心地解决。在我们很坦然地去对待困难的时候，就会发现，其实困难并不是不可战胜的。

思想对我们人生的影响是巨大的，如果把我们的心灵看作一块田地，你可以精心地照顾它，那么最终你一定会得到一个好的收成。相反如果你不去理它，任它荒掉，那么最后你的结果就可能是颗粒无收。

其实思想就是我们面对问题的态度，它和我们的人格是一体的。每个人都会因为周围的环境而影响到自己，大家都通过身边不同的环境和机遇努力地接近自己的目标，而在这期间，思想是决定我们有怎样结果的主要原因。

如果一个人能够不断地进步，清楚自己的发展方向并且拥有健康、积极、乐观的思想，那么我们所建立的目标将很快就会实现。因为当我们有了这样的思想后，不管受到外界什么样的影响我们都不会改变自己，在遇到困难的时候我们都会很坦然地接受，并且会积极地去解决。

要是你发现自己一直不能掌控自己，而是被周围的环境左右着，自己始终都被命运掌控着，就说明你还没能够掌控自己的思想，一旦你可以掌控并调节自己的思想，你就完全可以把自己的命运掌控在手中。

在我们实现自己理想的过程中都会遇到一些困难和挫折，如果你战胜了困难，存在你内心明亮的思想便有所增长，如果你选择了逃避，那你心中昏沉的思想都会有所成长，而这些思想就是决定我们命运的主要因素。如果你成长的是光明的思想，在面对事情的时候你就会表现得宽宏和包容。如果你成长了昏沉的思想，你的心胸就会变得狭隘，即使是一件微不足道的小事你都没有办法用一个平常心去接受。

很多人都在尽自己最大的努力来改善自己的生活环境，他们都希望自己的人生有所成就。可他们并没有注意调整自己的思想，以至于尽管他们付出了很大的努力，可最终还是没能够改善自己的生活环境。想要取得成功就必须付出努力。这个道理想必人人皆知，可有时候在我们付出努力的时候，如果没有把思想调整好，尽管你付出了努

力，也不一定会取得成功。

想要取得真正的成功，就一定要有一个健康的思想，在健康的思想当中，宽容给我们带来的帮助是极其重大的，它的力量是无限的。

在周五的晚上，大家都想赶快回到家好好地休息，过一个快乐的周末。一位女士匆忙地上了一辆公交车，车上人很多非常拥挤。在车辆转弯的时候，这位女士不小心踩到了旁边一位男士的脚，她有点不好意思红着脸对着这位男士说："真是对不起，我踩到你的脚了，你一定很疼吧？"可接下来这位男士的回答让她觉得轻松了很多。这位男士微笑着对她说："没关系，这不是你的错，应该我向你道歉才对，都是我的脚，它长得过于肥胖了，看来我得给它减肥了。"

顿时车上的笑声响成一片，每个人的表情都很轻松。非常明显，他们为这位男士的优雅风趣感到敬佩。而且相信这位男士给全车人都留下了一个好的印象，当然也包括这位女士。她一定会怀着高兴的心情回到家中，度过一个快乐的周末。

一位漂亮的女孩一不小心滑倒在商场的通道上，她手中的冰激凌落到了一家店铺的门口，冰激凌上的奶油弄脏了地面。她特别紧张，生怕店里的老板会找她的麻烦，赶紧从包里拿出纸一边把地面擦干净一边对老板说："实在是对不起，我把你们的地面弄脏了。"

可让她没想到的是老板却这样回答了她："没事的，这都怪我们家的这块地板，它有可能是太想吃冰激凌了。"这个女孩听后笑了，她笑得是那么甜美。她开始和这个老板聊天，最后她在这家店铺里买了几大包的东西才离开。

　　这就是宽容的力量，它可以给我们带来快乐，也可以给我们带来意外的收获。我们不妨设想一下，如果那位乘车的男士和店铺的老板没用一种宽容的方式去面对事情，那么所得到的结果一定会完全不同。

　　第二次世界大战结束后不久，英国开始有一次选举，在这次选举当中丘吉尔落选了。丘吉尔是一个闻名世界的政治家，对于一个如此伟大的政治家来说，这一定是一件让人感到非常狼狈的事情。可丘吉尔的表现却恰恰相反，他很坦然地接受了这一事实。当时他正在自己家的游泳池里游泳，当他得知这个消息后，不但没有感到失落，而且还很高兴。他笑了笑说："好极了！这说明我胜利了！我们追求的就是民主，民主胜利了，难道不值得庆祝吗？"

　　丘吉尔不愧是一名伟大的政治家，他的这一举动更证明了一名伟大政治家的风范。

　　在一次酒会上，一位对丘吉尔有些偏见的女政治家举着酒杯走到了丘吉尔的面前说："丘吉尔先生，我恨你，如果我是你的妻子的话，那我一定会在你面前的这杯酒里下毒。"丘吉尔心里非常清楚，这位女政治家是在挑衅他。可丘吉尔并没有在意，也没有做什么反击，而是笑了笑说："你放心，如果我真的是你的丈夫，那我一定会把这杯酒一饮而尽的。"这虽然是一段简单的对话，可它更证明了一点，那就是宽容可以化解那些无谓的争执和厮杀，在和平地解决一件事情的同时，还会为自己赢得一个良好的形象。

　　这就是宽容的力量。

　　我们应该调整好自己的思想，它对我们的工作和生活影响非常大，思想是决定我们取得什么样人生的关键。

在做事的时候我们要学会包容和忍让，让自己始终都保持一种健康快乐的心，那么幸福的大门一定会为我们而敞开。

思想决定成败

一个贫困的年轻人为了生活，在一个肮脏破败的小工厂里工作。他没有受过很好的教育，也没有很好的技能，可他有着一颗想成功的心，有着一个很好的思想，他从来没有放弃过，坚持完成自己的梦想，他相信自己会有一个很美好的明天。他渴望得到很好的教育，渴望幸福的到来，他为自己的未来做着计划。这也就成了他达到自己梦想的一个动力。他努力地工作，不浪费一丁点时间。几年过去了，他成功了，他有了自己美好的生活，也有了足够的力量去完成他以后的目标。他为自己感到自豪，改变了自己的生活，得到了别人的尊重。

他年轻的梦想终于成了现实，在他身边每个人的眼里，他都是一个胸怀大志的人。不管梦想离我们有多么的遥远，多么难以实现，只要你把你的所有的心思都放在上面，用健康纯洁无私的思想去做事就一定会得到一个让自己满意的结果。

同样生活在一起的人，他们年纪相同，学历相同，可他们所成就的事业绝对不会一样，人都有自己独特的个性和想法，他们都会按照自己的优势去完成自己认为可以完成的理想。其中思想将决定他是否能够取得成功。如果一个人的思想是邪恶的，那么他就会成为一个卑鄙的人，内心的诡计将把他变成一个没有道德的人，他的行为会影响到一个家庭、一个公司，甚至是一个国家。这样的人永远都不会得到别人的尊重，更不会取得成功。如果你的思想是健康的，是善良的，即使你遇到了一些对自己不公平，让自己很生气的事，也不会大发雷霆，你会用平常心去面对。

如果你的思想是黑暗的，在金钱和名利的诱惑下，你一定会背叛同事、朋友、甚至是亲人。在诱惑面前你根本就没有办法控制自己，黑暗的思想会让你做一些非常愚蠢的事。我们不妨设想一下，如果一个人没有同事、没有朋友、没有亲人，他们会取得成功吗？这显然是一件不可能的事情。

如果你的思想是健康的正常的，你的人格一定是完美的，你就会得到所有人的尊重。不管是金钱还是名利都不会让你背叛自己的朋友和亲人，他们会越来越信任你，只要在你遇到困难的时候他们都会挺身而出，给你最大的帮助。有了这些人的帮助，取得成功完成自己的梦想就不再是一件困难的事。所以说，每个人不同的思想就会决定他的未来，决定他是否能取得成功。

在日常生活中，一个人做事做人都有问题，我们就会说他思想有问题。这样评价一个人并不是没有道理，因为一旦一个人的思想出了问题，他的行为就会出现异常。他会变得阴险狡诈，为了能让自己得到利益他们可以做任何事情。而那些有健康思想的人就不会这样，他们在做很多事的时候都会想到别人，他们会顾虑别人的感受，绝不会去做那些损人利己的事。

如果我们失败了，就要对自己进行检讨。在检讨自己的过程中，首先要做的就是看看自己的思想有没有问题。仔细想想，你是怀着一个健康的思想去完成自己的目标呢，还是为了达到自己的目标做了很多卑鄙的事。

一个王子去观看棒球比赛，他的到来给运动员们带来了很大的信心。王子来观看比赛，他们觉得这是一件很骄傲的事情。每个人都拼尽全力，把自己最好的状态发挥出来，希望打出一场精彩的比赛，也算是对王子的一种回报。现场的观众也都非常兴奋，能够和王子一起观看比赛，的确是一件值得炫耀的事。

可就在比赛结束后，王子正准备离开的时候一个流浪汉的出现让他停了下来。这个流浪汉称自己认识王子，还说他们曾经是同学。这有点让大家不敢相信，一个国家的王子怎么可能认识一个流浪汉呢？周围很多人都在发出这样的疑问。士兵们拦住了这名流浪汉，可王子却吩咐士兵放开了他。王子之所以会得到全国人民的热爱，就是因为他心地善良，喜欢帮助那些贫苦的人，他更像是臣民的朋友。他走下马车来到流浪汉的面前，笑着对流浪汉说："我们真的认识吗？"流浪汉对王子说："是的，我们真的认识，小的时候我们同在一所高级学校里读过书。"说到这里旁边的人都是一阵大笑，有人甚至还这样说："怎么可能呢？那个家伙一定是昏了头，我们伟大的王子怎么会和这样的人一起读过书呢？"

王子仔细观察他的长相突然想起来，他的确是自己的同学，当时他就坐在自己的前面。大家都感到很奇怪，能够跟王子在一起读书的

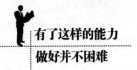
人怎么会沦落到这种地步呢？是啊，既然他能和王子在一起读书，那么他的家里一定也会有很高的地位。可一个有着高地位家庭的人，怎么会变成一个流浪汉呢？这就要从这个流浪汉个人说起了，虽然他能和王子在一起读书，虽然以前他的父母和家庭在这国家有着很高的地位，可他却没有和王子一样的思想。他的思想里充满了黑暗，他小的时候就是一个卑鄙的人，他觉得自己的出身好，身份要比那些普通人高出一等，就到处称王称霸欺负那些弱小的人。长大后他的思想更加黑暗，为了得到遗产他每天都在折磨自己的父母，希望他们能早点死去。最终两位老人都怀着极大的失望和痛苦离开了人世。当他得到了这笔遗产后，并没有为这个社会做一丁点善事，而是把所有的钱都拿去赌博，很快就把父母所留下的钱都花光了，还欠下了一身的赌债。最终他就成了现在这个样子。同样是在一所学校里读书，同样出生在贵族，可他们的命运完全不一样。如果流浪汉能早点悔改，改变自己邪恶的思想，为这个社会多做一些善事，那他一定不会成为现在这个样子。如果他从小就能和王子一样，有一个善良的思想，相信他一定也会取得周围所有人的尊重和爱戴，一定也会取得成功。

一些出身富贵的人，虽然他们条件都很优秀，想要取得成功要比那些平凡的人容易很多。可一旦他们的思想出了问题，就会走向邪恶，等待他们的将是一个失败的人生。

一些出生平凡的人，他们没有优秀的条件，更没有人会为他们提供机会，可他们拥有伟大的思想，而这些拥有伟大思想的人，无论是在精神上还是物质上，都会取得成功。

无论我们出身富贵还是平凡，都要有一个健康的思想。只有那些拥有伟大思想的人才会取得真正的成功，而那些真正取得成功的人，通常都会拥有一个伟大的思想。

第七种能力
善于给自己最强的自信心

　　自信心充足者的适应能力就强，反之则适应能力较差。

　　一般信心不足较严重的人常有一些相式之处，比如孤僻，害怕与人交往，说话过于偏激，悲观失望。

　　如果做事成功的经验越多，那么自信心就越强。

　　自我成功锻炼的机会越少，自信心就越弱，以致产生严重的自卑情绪。

　　十九世纪的思想家爱默生说："相信自己'能'，便会攻无不克。"拿破仑说："在我的字典里没有不可能。"

认清自己

我们最熟悉的人是自己，最看不懂的人也是自己。我们花尽一生的时间来研究自己。

我们可以很容易地看清别人的面孔，看到这个美丽的世界，看到千姿百态的大自然以及形态各异的虫鱼鸟兽。天上地下的每一样事物都逃不过我们的眼睛，但令人尴尬的是我们却不能看清自己。

老子说："自知者明。"一个人只有认清自己才能在生活中更加充满智慧。如果一个人连自己是谁都搞不清，就只能像无头苍蝇一样到处乱撞。但是认清自己又谈何容易，又有几个人敢说自己真的了解自己。

"认识自己"对于任何人来说都是很重要的，它不仅是一种对自我的认识或者自我意识的能力，还是一种可贵的心理品质。自我认识，从字面来看，我们可以理解为对周围事物的关系以及对自己行为各方面的认识，它包括自我观察、自我评价、自我体验、自我控制等。

从现实生活当中我们可以清楚地认识到，一个人如何看待自己是与自身的自信心强弱有关的，自信心强的人能较好地看到自己的潜

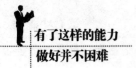

力，而自卑的人则会对自己有所贬低。每个人都有过类似的感觉，当你感觉某天心情不好的时候，那么，那一天整都是不快乐的，但是，当你调整心态自我感觉良好时，那么你的心情也会非常好。是啊，很多时候如果觉得自己是个乐观向上的人，就会表现得乐观向上；如果认为自己是个内向而迟钝的人，那很可能就会表现得内向迟钝。这些现象告诉我们的是，只要我们充分地相信自己，那么一切都可以改变。

为了认清自我，科学家们也做了一些探索。美国的心理学家乔（Jone）和韩瑞（Hary）提出了关于自我认识的理论，被称为"乔韩理论"。他们认为，每个人的自我都有四部分，即公开的自我、盲目的自我、秘密的自我和未知的自我。那么，我们具体通过哪些途径来认识自己呢？

（一）从自己与他人的关系认识自己。我们每个人都生活在一个集体中，我们每天都在与不同的人打交道。而别人也总会对我们有一些印象，他们把对我们的感觉如喜欢、讨厌、爱慕等种种情感通过自身所散发出的信息传递给我们，而这些信息被我们捕捉到，便会明白自己的形象。别人就成为反映我们自身的一面镜子，而我们又可以根据这些反馈的信息来不断地修正自己。

聪明而又善于思考的人可以从这些关系中不断地向别人学习，改掉自己的缺点，发挥自己的优点，让自己向着心目中那个完美的形象靠近。这时我们不仅仅是捕捉从别人那里传来的信息，还包括在与别人的比较中给自己定位。但是，在比较时应该注意到那些并不是标准，不能在跟别人的比较中而失去了自己。

（二）从自己做事的过程认识自己。也就是说，要从做事的经验中来了解自己。每件事的结果都是我们智慧的反映。我们从中可以发现自己的优点和长处，也可以发现自己的弱点和缺陷。对于聪明的人来说，他们总会从自己的经验中看到自己的影子，也可以从自己的失败中看到自己的不足。他们不断地吸取着经验教训，让自己逐渐得到改善。

（三）看清心目中的自己。这要求我们要从两个不同的角度去观察自己。第一是自己眼中的自我。这是指看清我们的一些外部特征，如相貌、年龄、气质等外在因素。第二是我们内心中的自我，这就要求我们要静静聆听内心发出的声音，我们对自己的评价是什么；我们对自我的期待是什么；我们心目中那个完美的形象是什么样子；我们对自我的感觉是什么，讨厌或喜欢，接受或拒绝。只有让自己心中那个模糊的形象渐渐清晰了，才能更清楚地看清自己。

认识自己，不管是在逆境中还是顺境中都很重要。现实生活中，我们不管是在怎样的环境里都一样会迷乱方向，在逆境中还是顺境中都没有任何区别。当我们面对困难和挫折时，大部分人能够认识到自身的能力和优势，正是这样，所以他们能分析清楚失败的原因，再经过认真地思考，最后坚定信心，就地爬起再创辉煌。另外一部分人，他们面对挫折和困难时，由于没有能清楚地认识自己，所以他们总是怀疑自己，认为自己没有能力，最终等待他们的将是平庸一生。

当我们认识自己以后，就要学会接受自己。接受自己就是正确地看待自己。我们每个人都有自己的优点也都有自己的缺点，既不能因为身上的某些优点而骄傲自大，也不能因为身上的某些缺点而妄自菲薄。我们所要做的，就是用一种正确的心态来看待自己，不断地完善自己，改正缺点，发扬优点。没有必要去模仿别人，因为在这个世界上，每一个人都是独一无二的，我们有理由保持自己的本色，而不是在人云亦云中迷失自己。

接受自我意味着要爱自己。如果你爱过别人，就应该明白爱就是打开，就是容纳。你并不在乎他有什么缺点或者对你的态度，只是完整地接受，完整地奉献。这就是为什么会说"爱到深处人孤独"，因为这是全心全意的投入，忘我奉献的必然结果。

接受自我意味着完全信任自我。这就要求我们要时时聆听来自内心深处的声音，也就是上面我们所说的看清心目中的自己。然后使自己完全投入生活，而不是徘徊不前。

接受自我是一种自爱，是自己对自己的爱惜。一个人爱惜自己就不会自暴自弃，在任何时候都会相信自己。自爱并不是自恋，自恋是一种以自我为中心的盲目的妄自尊大，往往只看到正面的自己而看不到自身的缺陷，是一种心理不健康的表现。

一个人只有认识到自我才能在生活中不再盲从，才能更加理性；而接受自我是我们进步和发展的先决条件，只有这样，我们才能全面地认识自我行为的性质，才能在面对困难和挫折时敢于相信自己、不抛弃自己，才能更加有勇气去面对生活中的风风雨雨。

相信自己

罗伯森说："自信就是强大，怀疑只会抑制能力，而信仰却是力量。"只要你认准了目标，相信自己能行，并且坚持到底，信心就会转化成力量，创造出奇迹。如果你对你从事的事情半信半疑，你会一事无成。

曾经有学者做过这样的调查：被调查的对象是600个大学生，问及最难解决的个人问题是什么，75%的人在答案上选择了"信心不足"的答案。缺乏自信成了大部分人最头疼的问题之一，而这个世界上至少有1/3的人营养不良，也就是说，这个世界上缺乏自信的人比营养不良的人还多。

营养不良无法维持我们身体的健康，无法让其正常发育；而信心不足，也会让我们的心灵发育不良。可见，信心不足对于我们的危害和营养不良一样大。缺乏信心，可以说会让我们丢失自我。因为没有信心，我们不能了解自己内心的想法，甚至有了想法也不敢付诸行动。没有了信心就像没有了动力，生活也没有了乐趣。

有位作家这样说："自己把自己说服了，是一种理智的胜利；自己被自己感动了，是一种心灵的升华；自己把自己征服了，是一种人

生的成熟。大凡说服了、感动了、征服了自己的人，就有力量征服一切挫折、痛苦和不幸。"

有许多人可能会抱怨自己的能力和条件，其实，这些不过是自己找的种种逃避的借口。看看生活中有多少人当初的条件尚不如我们，但现在他们都成功了。

其实，人生最大的挑战就是自己，这是因为其他的敌人都是有形的，而唯独自己却是无形的。如果我们对自己没有信心，失去勇气，害怕失败，那么我们大多会在平平淡淡中了此一生。

在生活中，难免遇到挫折和失败，多数人在这样的情况下会变得心灰意懒。更为严重的是对于失败的恐惧，最后成了局限自我发展的障碍。如此，一失败就恐惧，一恐惧又失败，形成了恶性循环。

遇到了挫折和失败，不要再给伤心和难过太多的时间，而是要用自己的信心战胜自己，突破自己，不要陷入自我否定的旋涡之中。

自信心是引导我们走向胜利的阶梯。一般来说，自信心充足的人适应能力就强，他们能更好地适应环境的变化，面对暂时的失败，却能越挫越勇，最终品尝到甘美的胜利果实的人一定是信心十足的人。而那些虽然很有才华和思想的"金子"，因为缺乏自信，终其一生可能都是压抑着自己而默默无闻。

当自信融合在思想里，潜意识便收拾起这种震撼，成为一股强大的精神力量。这种力量创造出无限的智慧，并促成成功思想的物质化。正是因为自信如此重要，所以我们应该告诉自己一定要对自己充满信心。

有一位股票投资者，做了十多年股民。由大户室做到中户室，由中户室做到了散户大厅，到最后连散户大厅也不去了，因为他"不玩股票了"。

他之所以"王小二过年，一年不如一年"，原因就在于他的心态。据他后来说，他买的任何一种股票，其实都可以赚钱，甚至可以赚大钱，但他总是赔钱出来。原因在于，他买了一只股票，没过多久就上涨了，但他舍不得将其抛出，想着既然涨着我干吗要卖，说不定股票还能再涨个十块八块的。的确，他买的股票有涨十块八块的，但他还不抛出，心想说不定还能再涨二十三十的。确实也有如他的愿的，可他还不抛出。但股票市场，有上涨必然就有下跌。股票开始下跌了，他仍赚着钱，所以他还不想卖出，原因是股价60元时都没有卖，40元我干吗要卖？就这样他把账面上赚的钱一点一点地又还回了市场，直到股价下跌到将其深度套牢。一直套到他心理承受不了了，这时候，他再也坐不住了，于是就"割肉"出局，直到把自己的家底"割"完。

如果一次两次倒还罢了，问题是他每一次都是如此。他常常想：某某股票我要是50元抛出，就能赚多少多少……他从未吸取教训。所以在股票市场上，他败得一塌糊涂。

每个人都可能成功，每个人也都可能失败。这两个不同的结局不在于结局的本身，而在于人的本身，在于你是否能够正确面对自己的一切。

有一位国际闻名的杂技演员参加一次演出。这次演出是在两座山之间的悬崖上架一条钢丝，他的表演节目是从钢丝的这边走到另一边。这对于他来说没有太大的难度。只见杂技高手走到悬在山上钢丝的一头，然后用眼睛注视着前方的目标，并伸开双臂，他顺利地走了过去，这时，整座山响起了掌声和欢呼声。

"我要再表演一次，这次我要绑住我的双手走到另一边，你们相信我可以做到吗？"杂技高手对所有的人说。走钢丝靠的是双手的平衡，而他竟然要把双手绑上。大家都说："我们相信你的，你是最棒的！"杂技高手真的用绳子绑住了双手，然后用同样的方式又走了过去。"太棒了，太不可思议了。"所有的人都报以热烈的掌声。

但没想到的是杂技高手又对所有的人说："我再表演一次，这次我同样绑住双手然后把眼睛蒙上，你们相信我可以走过去吗？"所有的人都说："我们相信你！你是最棒的！你一定可以做到的！"杂技高手从身上拿出一块黑布蒙住了眼睛用脚慢慢地摸索到钢丝，他又走了过去。"你真棒！你是最棒的！你是世界第一！"所有的人都在呐喊着。

是什么使这名杂技演员一次次向自己发起挑战，并每次都获得了成功？也许很多人会回答说是观众的鼓励。没错，观众的鼓励是给了他很大的鼓舞，但更重要的是自信。试想一下，如果这个杂技演员从内心就不相信自己能够完成高难度的动作，那么，即使是再多人给予他鼓励，他都不可能会获得成功。所以说，是自信的力量使他把所面临的困难与恐惧都踩在了脚下，顺利地走过了钢丝。

坚强的自信，是伟大成功的源泉，不论才干大小，天资高低，成功都取决于坚定的自信力。相信能做成的事，一定能够成功。反之，不相信能做成的事，那就决不会成功。我们想要成就大事，就必须充分地相信自己。

给自己信心

《圣经》上说，能移走一座山的是信心。信心不是希望，信心比希望还重要，希望强调的是未来，信心强调的是当下。信心不是乐观，乐观源于信心。信心不是热情，但信心产生热情。按照成功心理学因素分析，信心在各项成功因素中，重要性仅次于思考、智慧、毅力、勇气。自信人生二百年，唯有自信的人才会有所成就。

大声对自己说"我一定行"。当你满怀信心地说出这句话的时候，心中一定充满了力量。

也许你对现在的境况并不满意，而且身边有很多人都比你优秀，那么你会不会轻易地给自己下一个结论：我是个失败者。我就该是现在这个样子。或者为自己找各种各样的理由，比如他家的条件比我好、他比我聪明、他运气比较好，等等，然后自己永远生活在失败的阴影当中。如果你这样做，那成功将永远和你无缘。

无论在生活中还是事业上，我们都应该充满信心，要不断地鼓励自己，不断发掘积极的心理因素，果断地处理问题。面对同一个问题，自信而果断的人往往能得到更好的结果。若总是认为自己做不到，犹豫不决，往往让事情的结果变得糟糕。

要知道，每一个人的特点都有所不同，一个人不可能拥有所有美好的优点而没有缺点。只要换一个角度就能发现不同的一面，而就是这不同的一面可以让我们战胜困难，顺利取得胜利。

2001年5月20日，美国一位名叫乔治·赫伯特的推销员，成功地把一把斧子推销给了小布什总统。他因此获得了布鲁金斯学会"最伟大的推销员"的金靴奖。该学会创建于1927年，以培养世界上最伟大的推销员著称于世。该学院有一个传统，就是在每期学员毕业时，设计一道最能体现推销员能力的实习题，让学生去完成。而且有史以来最光辉的时刻是在1975年，该学会的一名学员成功地把一台微型录音机卖给尼克松。克林顿当政期间，学会的题目是：请把一条三角裤推销给现任总统。8年间，无数学员都无功而返。克林顿卸任后，学会把题目换成：请把一把斧子推销给小布什总统。

鉴于前8年的教训，许多学员都"明智"地选择放弃了。然而，乔治·赫伯特却并没有因此放弃，他反而认为，把一把斧子推销给小布什是完全有可能的。于是他便给总统写了一封诚恳的信，在信中他这样说道："有一次，我有幸参观您的农场，发现里面长着许多小灌木。我想，您一定需要一把小斧头。但是从您现在的体质来看，一般的小斧头显然并不适合您用。现在我这儿正好有一把我祖父留给我的老斧头，很适合砍伐枯树。假若您有兴趣的话，请按这封信所留的信箱给予回复。寄出这封信没几天，总统真的汇来了钱。乔治·赫伯特的故事在世界各大网站发布之后，一些读者纷纷搜索布鲁金斯学会，他们发现，在该学会的网页上贴着这么一句格言：不是因为有些事情难以做到，我们才失去自信；而是因为我们失去了自信，有些事情才显得难以做到。

在美国北纽约州的一个小镇上，有个名叫露茜丽·鲍尔的小女孩，从小便立定志向，梦想成为最著名的演员。

18岁的时候，她在一家舞蹈学校学习了三个月的舞蹈，这时她的母亲收到了舞蹈学校的一封信函，信的内容是："您好，众所周知，本校一向是以培育最佳的表演人才闻名，世界上几乎所有著名的表演工作者都是从本校毕业的。所以，我们一眼便能辨识出学生的资质如何。遗憾的是，我们还真没有见过像您女儿这样差的资质，因此我们必须勒令贵千金退学，以维持我们学校的学生素质。"

就这样，露茜丽结束了舞蹈学校的学习与训练。她在以后的时间里一边打工，一边在业余时间参加各种演出和排练，即使没有报酬，她也无所谓。

两年以后的一天，她得了肺炎。住院3周以后，医生告诉她，她以后可能再也不能行走了，她的双腿已经开始萎缩了。她带着演员梦和病残的腿回家休养。露茜丽没有被病魔吓倒，她告诉自己："我一定会站起来。"

在家里，她得到了家人的理解和支持，忍受着疾病带来的疼痛，她开始了艰苦的康复训练。她咬着牙坚持了两年，经历了无数次的摔打，终于出现了奇迹——她可以再次奔跑了！

痊愈之后，她更加努力地朝着自己的舞蹈目标奋进。尽管年龄偏大，身体条件不佳，使她的表演前程充满艰辛，但她毫不气馁。她反复地告诫自己："我已经能自己行走了，以后再也没有什么事能难倒我，我一定会成功。"

在她40岁的时候，有一家电视台的导演看中了她的表演，认为她非常适合某个角色。露茜丽毫不犹豫地抓住了这个重要的机会，也是从这时起，她的表演生涯才正式拉开了序幕。

这次演出，露茜丽·鲍尔大获成功，她开始越来越受观众的欢迎。她在观众心目中的形象不是跛腿和满脸的沧桑，而是一个有着杰出的表演天赋和朝自己的理想不断进取的成功典范。

在艾森豪威尔任美国总统的就职典礼上，有无数人从电视上看到了她的表演，英国女王伊丽莎白二世加冕时，有3300万人欣赏了她的表演……到了1953年，看过她表演的人超过4000万。

许多人的成功源于一个梦想，但并非所有的梦想都能变为现实。我们每个人都有许多美好的梦想，但只有那些100%相信自己的人，只有那些愿为梦想付出不懈努力的人，才能享受到成功美酒的甘甜。

树立坚定的信心

有人说，一个人之所以活着，是因为有希望。希望没了，就没有活着的必要了，这应该只是生活下去的一个动因。至于活得是否有价值，是否可以将自己的一生燃烧成炙热的火焰，在生命结束时也可以不至于抱憾，这种支撑的力量应该是什么？我认为应该是信心，而且应该是必胜的信心。唯有信心才能左右人的命运，从那些伟大的成功者的身上我们便可以充分认识到这一点，他们无一不是对自己充满信心的人，也正是因此，他们才改变了自己的命运。

自信心有一种力量，它能够把你提升到无限的巅峰，你的思想也充满了力量。它是人心智的催化剂，给人以心灵的指引。

罗纳德·里根是美国第49任总统，他就是一个充满自信的人。在成为总统之前，他只是一个很普通的演员，但他立志要当总统，并相信自己一定可以成为总统。

从22岁到54岁，里根一直在文艺圈中，对从政完全是陌生的，更没有什么经验可谈。但当机会到来时，共和党内的保守派和一些富豪们竭力怂恿他竞选加州州长时，里根毅然决定放弃大半辈子赖以为生的职业，坚决地投入从政生涯中。结果大家都清楚，里根成为美国第

49任总统。

所以说，一个人如果不相信自己能做那些从未做过的事，他绝对做不成。只有领悟到这一点，不依赖于他人的帮助，不断努力，才能成为杰出人物。所以，任何人都要有坚强的意志，要相信自己。

对于一般的人来说，往往很难做到树立坚强的自信心，而一旦做到了，即使是普普通通的人也能做出惊人的业绩来。怯懦和意志容易动摇的人永远不会超越自我设定的高度。如果拿破仑在率军翻越阿尔卑斯山的时候说："攀越这么险峻而积雪的山峰是根本不可能的事情。"那么，他的军队永远不会征服那座高山。所以无论做什么事坚定不移的自信力才是达到成功所必需的因素。

人没有生来就能成就一番事业的，很多青年本来可以有一番伟业，但事实上他们只做着简单而没有发展前途的小事，过着平庸的生活，这就不可能成功了。根源在于他们自我放弃，没有远大的人生理想，信念也就无从谈起。其实，与那些充满诱惑的金钱、权力和出身等相比，自信是更有价值的东西，它是人们东山再起的最可靠的资本。自信能助你清除各种困难和障碍，能使事业取得圆满的成功。

很多成功学家对那些在各领域有突出贡献的卓越人物进行过分析研究，发现他们都有一个共同的特点，那就是：这些人在开始做事的时候，总有充分相信自己能力的坚强自信心。他们深信自己所从事的事业一定会成功。然后，他们投入了全部精力，甚至以蚂蚁啃骨头的精神排除了一切拦路虎，一直到取得最后的胜利。

那么，我们如何才能让自己变得更加自信呢？下面的几点便可以

帮助你培养自信。

第一，一定要避免使自己处于一种不利的环境中。

当你处于这种不利的环境下时，虽然人们会表示同情，但他们同时也会感到比你地位优越而在心理上轻视你。

第二，相信别人和相信自己一样重要。

这是人生处世的黄金法则。毕竟尊重别人就是尊重自己。物理学上作用力与反作用力原理在人的交往中得到最深刻的体现。如果说信心是一块两面的板，一面写着相信自己，另一面就是写着相信别人。少哪一面，信心都是不完整的。

第三，树立信念，相信自己的潜能。

人的潜能是十分巨大的，在危难之际或者紧迫之时，人的潜能就可以爆发出来。

曾有位诗人这样说："人类体内蕴藏着无穷能量，当人类全部使用这些能量的时候，将无所不能。"尽管诗歌往往有夸大之嫌，但这一句话却说明了问题。世间无人知晓人体内到底蕴藏着多少能量，光是运用目前已知的那些能量，人类已创造出无数奇迹。那么，试想一下，当人能够发动全部能量的时候，一切会是怎样？

事实上，"行"与"不行"完全取决于你的信心，你认为你能，你就能。世上无难事，只要肯攀登，"你做不到"并非真理，除非你确实反复试过，否则任何人无权对你说"不可能"。一个想当将军的士兵不一定就能当上将军，但一个不想当将军的士兵绝对当不上将军。因为一个人不可能取得他并不想要或不敢要的成就。这正如一句

谚语所说："喷泉的高度不会超过它的源头；一个人的成就不会超过

他的信念。"记住：你得在没有人相信你的时候，对自己深信不疑。

一旦你开始退缩，你就永远踏不出成功的脚步。

我们都是最好的

据科学研究表明，我们每个人都有140亿个脑细胞，一个人只利用了肉体和心智能源的极小部分，若与人的潜力相比，我们只处于半醒状态，还有许多未发现的"能量"。

我们每个人心里都有一幅"心理蓝图"或一幅自画像，有人称它为"自我心像"。自我心像有如电脑程序，直接影响它的运作结果。如果你的心像想的是做最好的你，那么你就会在你内心的"荧光屏"上看到一个踌躇满志、不断进取的自我。同时，还会经常听到"我做得很好，我以后还会做得更好"之类的信息，这样你注定会成为一个最好的你。美国哲学家爱默生说："人的一生正如他一天中所设想的那样，你怎样想象，怎样期待，就有怎样的人生。"

在遇到困难的时候，有的人会想到逃避；而有的人则乐于接受。结果是逃避的人永远工作平庸，而勇于接受的人，则把眼前的困难当作一次又一次的挑战。结果他们一次次地突破难关，走上一个又一个新起点，获得一次又一次机会，从而走向了成功。我们可以驾驭自己的生命，或任由生命驾驭，我们的心态会决定谁当"骑士"，谁当"马"。如何生活的决定权在我们自己，而要生活得质量好一点，我们就应该有勇气，做自己生命的主人。

1862年初，越打越艰难的南北战争，对于北方来说，已经到了生死存亡的时候。可是美国总统林肯还为总指挥官的人选伤透了脑筋。千军易得，一将难求，林肯的条件是：这个人勇于行动，敢于负责，而且善于完成任务。

他选择的第一任军事总指挥斯科特将军老态龙钟，思想落伍，不愿意也没有能力承担责任。第二任军事总指挥麦克道尔将军是一个完全不能胜任工作的人，他甚至对统帅一支大部队感到手足无措。第三位军事总指挥帮克莱伦将军看起来是个优秀的人，但是他瞻前顾后，沉溺于理论分析中，而不去付出行动。无奈之中，林肯任命哈勒克将军为第四任总指挥，然而哈勒克依然让他失望了。短短的几年中，如此频繁地更换军事总指挥，林肯总统实出无奈。当格兰特出现时，林肯知道自己找到了合适的军事指挥官。

在林肯总统的心目中格兰特将军就是那个他一直要寻找的人；他充满了自信勇敢无畏；敢于冒险意志坚定；他在冒险中还敢于想象，在想象中还敢于付诸行动；他敢于负责，能创造性地完成任务。

此人军事才能杰出，但有一个毛病就是好酒贪杯。在林肯看来他是一位帅才，虽有缺点，且很明显，但他的才能却无人能与之相比，于是便力排众议坚决任用格兰特。林肯对众多的反对者说："你们说他有爱喝酒的毛病，我还不知道；如果知道，我还要送一箱好酒给他呢！"

1863年10月16日，林肯命令所有的西部军听从格兰特的指挥，格

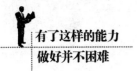
兰特因此成为第五任军事总指挥。1864年3月10日，林肯正式任命格兰特为中将，统领三军。格兰特成了美国继华盛顿、斯科特之后拥有统领三军这一最高军事权力的人。

事实证明，林肯终于找到了合适的人才。这个其貌不扬的人，却是当时全美唯一一个能够和南方军统帅罗伯特·李将军抗衡的人。格兰特的上任，决定了战局的胜利。在他的统帅下，美国南北战争出现了转折，北军很快平定了南方奴隶主的叛乱。

格兰特没有让林肯失望，1863年4月初，格兰特发起的维克斯堡一战把南方同盟切成了两半，将密西西比河这条大动脉从南方手中夺了过来，维克斯堡要塞拱手献给了北方。联邦的每一个城市和农村顿时群情欢腾，人们以各种形式欢庆胜利，祝贺指挥战争的头号英雄格兰特。这场战役是格兰特的杰作，在他一生的事业中，这也许要算是一次最伟大的成功。

当林肯接到来自格兰特的捷报时激动万分地说："干得好，格兰特！"

格兰特指挥的维克斯堡战役的胜利不仅是美国内战的一个重要转折点，而且其勇猛果断、灵活快速的战术，成为美军机动进攻的典范并被写进1982年版美国陆军FM100-5号野战条令《作战纲要》。

格兰特的胜仗结束了南北战争，并使他成了国家的英雄。1868年共和党提名格兰特为总统候选人。他对政治从来就不感兴趣，他一生中只参加过一次总统选举投票，但是他轻松地取得了胜利。

其实，真正的敌人是自己。我们之所以会失败，并不是没有能力或某些客观原因，而是我们战胜不了自己。人们被心中那个虚拟的影像吓倒，被自己所设的牢笼紧紧困住……恐惧和怀疑让人们错失良机。

所以说，在我们的一生中，究竟什么是决定人生成功的重要因素呢？是气质还是性格？是财富还是关系？是勇敢还是聪明？不，都不是，而最重要的就是自己必须相信自己，自己必须看得起自己，最后才能走向成功。从格兰特的身上我们可以看出：一个人只有具备这个因素，才能走向成功。

我们必须永远看得起自己，我们有权利享有人世间最美好的事物。个人要想生活得幸福，事业有成就，就必须最大限度地相信自己，使自己的身心和力量处于最和谐的状态。只有发掘和利用这种状态，我们才会走出忧郁和苦闷的泥坑，才能清除人生道路上的困难与阻力，实现自己的梦想，成就最好的自己。

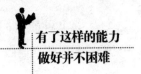

战胜自卑

在人类的诸多不良情绪之中，自卑是其中最不可忽视的一个，也是最常见的一个。

艾米莉·顾埃说："你若说服自己，告诉自己可以办到某件事，假使这件事是能的，你便办得到，无论它有多么的困难；相反地，你若认为连最简单的事都无能为力，你就不可能办到，而鼹鼠丘对你而言，也变成不可攀的高峰。"

对自我的认识一般包括两方面：一方面是正面的认识，这是对我们自身积极的评价；另一方面是对自身负面的认识，也就是对我们负面的评价。为什么会这样呢？因为每个人身上都有自己的优点和缺点，而这就决定了我们对自身的评价会分为两个部分。

但是，在我们认识自己的过程中，往往会把对自己的负面认识夸大，因此也就产生了自卑。因为，当我们失败的时候，总会寻找原因。而这时，自身的缺点便会成为我们最大的借口。于是，我们便会在这些缺点面前低下头去。认识到自己的缺点是好的，因为它可以让我们意识到自己的不足，以求进步。但是，如果你只停留于认识到错误而不去思考如何改正的层面上，那就偏离了认识自我的目的了。

自卑的人总会拿自己的弱项来比别人的长处。看到别人比自己强，就埋怨自己笨；看到别人性格活泼就觉得自己没有活力、死气沉沉。但为什么不看到自身也有好多优点呢？能力没有别人强，但多才多艺；性格虽不活泼，但更易得到别人的信任。

有一个女孩，父母离异，这给她造成了很大的创伤，总觉得自己跟别人不一样，所以把自己封闭起来，不喜欢与人交往。有时其他同学在一旁说说笑笑，她总觉得他们是在谈论自己。老师让同学们自由讨论时，她总是低着头，自己坐在角落里一言不发。她从来不与别人交流，越这样，她就越自卑，整天都是一副郁郁寡欢的样子。其实她的功课很好，人也很漂亮，但她就是摆脱不了自卑的影子。

后来，班里换了一位班主任。他发现了这个情况，便经常给这个女孩做思想工作，又找到班长，让全班同学都来帮助她。于是几个同学主动与这个女孩接触，跟她做朋友。女孩感到心里很温暖，慢慢地和同学接触，她发现其实大家都不讨厌她，也没有人瞧不起她，甚至还有人因为她的功课好、为人细心而喜欢和她做朋友呢！在大家的帮助下，她慢慢地从自卑中走了出来，而且变得开朗起来。

我们每个人多多少少都会有自卑的情绪，这是一个人的天性。因为人无完人，每个人身上都会有一些缺点，一些缺陷，而这些不完美也就构成了我们自卑的根源。

自卑是一种不良的情绪，会给我们自身的发展造成很大的障碍。因为凡是自卑的人，意志一般都比较薄弱，遇到困难时容易退缩，缺少面对困难的勇气。自卑还会给我们的人际交往带来一定的负面影响。因为自卑的人容易情绪低沉，常常害怕因为对方瞧不起自己而不愿与别人来往。而人际交往上的困惑又更容易让他走入心灵的死角。有自卑感的人总认为自己事事不如人，自惭形秽，丧失信心，进而悲观失望，不思进取，其聪明才智和创造力也会因此受到影响而无法正常发挥作用。而远离自卑的人则会对自己充满信心，乐观向上，其聪明智慧尽情施展。换句话说，自卑是自我束缚创造力和智慧的一条绳索。

心理学上，自卑属于性格上的一个缺点，是一种因经常性的自我否定而产生的自惭形秽的情绪体验。自卑感是一种觉得自己不如人并因此而苦恼的感情。然而，自卑感并不能够激励人，使人奋发向上，它往往会阻碍事业的正常发展。自卑的人在意志消沉中萎靡不振，在忧郁的情绪中不能自拔。有些人甚至会因为自卑产生强烈的反抗心理，急于改变自己的身份、地位等不如他人的地方，不顾他人的利益，极端自私，形成专注于自我的狂人的"优越情结"。

自卑就是给自己的心灵设限。人的潜能是无限的，而如果我们将自身的能量全部释放出来，那么所有的困难都会被我们踩在脚下。在这个世界上，能够有能力困住我们的只有人类自己，因为我们常常无法走出心灵的囚笼，就像一只美洲狮。美洲狮是世界上最有攻击力的动物，但是它们却非常害怕犬的叫声。有人认为这可能是在它们的进化过程中受到过类似的动物的袭击，所以造成心理上的害怕。我们人类也是如此，甚至比美洲狮还要强大，因为美洲狮还有人类可惧怕，而我们呢？能让我们惧怕的也只有内心的那种恐惧吧！

著名的奥地利心理分析学家A.阿德勒在《自卑与超越》一书中提

出了富有创建性的观点，他认为人类所有的行为，都是出自"自卑感"以及对"自卑感"的克服与超越。

阿德勒认为生活在这个世界上的每个人都会有自卑感，只是程度不同而已。他自己就有过这样的体会："我念书的时候数学成绩很差，有好几年都不及格，在老师和同学的消极反馈下，强化了我数学低能的印象。直到有一天，我出乎意料地发现自己会做一道难倒老师的题目，才成功地改变了对自己数学低能的认识。"由此可见，环境对你的自卑感的产生有不可忽视的影响。某些低能甚至有生理、心理缺陷的人，在积极鼓励、扶持宽容的气氛中，也能建立信心，发挥最大的潜能。

成功学大师拿破仑·希尔将人的自卑感表现形式和行为规模大致分为以下几种：

1. 孤僻怯弱型。忧郁深感自己处处低于别人，"谨小慎微"成了这类人的座右铭。他们像蜗牛一样潜藏在壳里面，不参与任何竞争，不肯做一件具有一点儿有风险性的事情。即便是权益遭到侵犯，也听之任之，逆来顺受，随遇而安，或在绝望中过着远离人群的孤独生活。

2. 咄咄逼人型。当一个人自卑感在最强烈的时候，若采用屈从怯懦的方式不能减轻其自卑之苦，则转为争强好斗方式：性格恶劣，脾气暴躁，容易发怒，即便一件微不足道的事情他们甚至也会主动找理由大发脾气。

3. 滑稽幽默型。扮演幽默滑稽的角色，用表面的开心来掩饰自己内心的自卑，这也是一种常见的自卑表现形式。美国著名的喜剧演员费丽斯·蒂勒相貌丑陋，她为此羞怯、孤独自卑，于是她用笑声，尤其是开怀大笑，以掩饰内心的自卑。

4. 否认现实型。这种行为模式是自己不想面对的，不愿意思考自卑情绪产生的根源，而采取否认现实的行为来摆脱自卑，如想办法麻痹自己，通过这种方式来进行逃避。

5. 随波逐流型。由于自卑而丧失信心，因此竭尽全力使自己和他人保持一致，唯恐与众有不同之处；害怕表明自己的观点，对自己的观点和信念不能坚信，总是按照别人的意图做事，始终表现出一种随大溜的状态。

既然自卑的情绪对我们不利，那么该如何克服呢？

第一，全面认识自己，接受真实的自己。认识自己，就是充分认识自己的优缺点。但这并不是终点，我们接下来要做的就是让自己接受这个真实的自己，并不断地加以改正和提高。

对待错误，既不应该姑息，也不应该太过苛刻，不要因为一两个缺点就把自己全盘否定。世界并不完美，月有阴晴圆缺，海水也有潮涨潮落，更何况我们这等凡人呢？所以，面对自我，一定要调整好心态。当然，也不能盲目乐观。如果你相信"鸵鸟政策"，那只能自欺欺人。而且你的视而不见，也会让缺点一点点扩大，直到最后把你吞没。当我们可以正确面对自己的时候，我们的身心也就会真正地成熟起来。

第二，转移注意力。消极情绪是每个人都会有的，关键是当它到来时，你要及时将其化解，这样它就不会对我们造成伤害了。

化解这些不良情绪最好的办法便是转移注意力。例如，最常用的排解忧郁的方法便是运动。可以通过打篮球、跑步等方法来发泄。也有的人一遇到烦心事喜欢喝酒，一醉解千愁。但是，在酒醒以后，头脑反而会更加清楚，烦恼也会随之而来了。就算是为了排解郁闷，也应该有度，酒多伤身，到时反而连自己的身体也赔进去了。

还可以选择倾诉，把自己的不快向朋友、亲人一吐为快。再就是购物、逛街或索性大哭一场，哭过之后，也就雨过天晴了。无论哪种方法，只要能将心中的不快排除出去，对我们就是有利的。

第三，分析自卑产生的根源。如果你有自卑的心理，就要静下心来，让自己想一想产生这种心理的根源是什么。能力、家庭、相貌，还是小时候所受到的心理伤害。当你明白了病因，也就可以对症下药了。其实，大多数情况下，都是我们过于夸大内心的感受。比如你的容貌，或许你认为自己不够漂亮、英俊，但实际上别人并不会在乎这么多，只不过是你自己将内心的感觉放大罢了。

大多数情况下，自卑是建立在虚幻的基础上的，是我们的心理在作怪，与现实并没有太大的联系。比如你小时父母离异，于是便会觉得别人都看不起你。但其实别人并没有这种想法，是你将自己的思想弯曲了。如果你可以纠正自己的思想，那么也就可以克服这个毛病了。

第四，积极行动，证明自己的价值。之所以会自卑，就是因为我们不自信。一个有信心的人是不会受这种消极情绪影响的。所以，自信是消灭自卑的良药。

如何才能建立自信呢？其实很简单，那就是行动起来。其实，恐惧是我们内心最大的敌人，好多时候，并不是我们的能力有问题，而是我们的心理有问题，所以才会在困难面前败下阵来。当你真的鼓起勇气时，也就没有什么可以把你难倒了。

可以给自己制定一些小小的目标，开始的时候不要太难，否则就会挫伤我们的积极性。当你一个个实现了自己的目标时，信心也就会一点点地增强，并在成功的喜悦中不断走向新的目标。每一次的成功都会强化你的自信，弱化你的自卑。当你切切实实感到自己能干成一些事情的时候，你还有什么理由去怀疑自己呢？

第五，从另一个方面弥补自己的缺陷。或许，你自身的确有某些缺陷，比如生理上的不完美，让你感觉很自卑。而这些，是我们没有能力改变的。但是，我们却可以通过另一种方式来弥补。比如，盲人的视力不好，但是触觉和听觉却比正常人要灵敏得多；你的身材矮小而又肥胖，连衣服都很难买到，这让你很难为情，更当不了什么模特，进不了仪仗队。但是，这个世界上对身材没有过多要求的工作有的是，关键是你要用一种积极的心态让自己去面对。

鱼儿虽然没有翅膀，却可以在水里遨游；雄鹰没有强健的四肢，但却可以在天空翱翔。我们的缺陷，反而会激发出另一方面的潜能。只要你能调整好自己的心态，便可以扬长避短，使你更加专心地关注自己的成长方向，从而获得超出常人的发展。

第六，建立外向的性格趋势。有自卑心理的人，一般也都有自闭的倾向，喜欢把自己封闭起来，而这种封闭又很容易会让我们陷入自己的消极情绪中去，因此形成一个恶性循环。

　　中国有句古话这样说："人之才能，自非圣贤，有所长必有所短，有所明必有所蔽。"其含义也就是说，天下无人不自卑。所以，我们不要因为任何原因产生自卑心理，要积极勇敢地面对所有任何事情。

第八种能力
善于把精力投入自己的强项上

　　做自己喜欢做的事是幸福的。因为你可以在完成的过程中享受到自己用心去做的一切，这样的幸福不是可以追求的结果，是与做事的过程相伴而成的。因为喜欢，你会迸发出无穷的活力，即使有再大的困难也敢于克服；因为喜欢，你会勇往直前，不会有一点儿退缩；因为喜欢，你总会让自己所有的努力在最后的等待中看到光明。

做喜欢的事

做自己喜欢做的事会使人从中体会到无穷的乐趣。即使其间遇到一些困难，对于一个热爱自己所做事情的人，他始终都不会轻易放弃，因为他深爱着自己所做的事。曾有哲学家这样说道："这世上最快乐的事情，莫过于能做自己喜欢做的事了。"

当一个人做自己喜欢做的事时，他就会变得非常主动，特别卖力，并还会怀着高兴的心情去做。在完成的过程中，他会从中体验到快乐，当把事情做好以后，他会有产生一种超常的满足感。相反，当一个人做自己不喜欢做的事情时，他就会缺乏激情，在失去对所做事情的兴趣的同时，他们还会感觉这样工作是一种极大的心理负担。不难发现，在很多时候，即便是一个人的能力不是特别突出，可他却深爱着自己所做的事，经过不懈的努力，他们同样会将其完成得很好。而即便是一个人的能力非常出色，可他对自己所做的事毫无兴趣，那他很难在这件事上有所突破。爱因斯坦就曾这样说："我认为对于一切情况，只有'热爱'才是最好的老师。"

做自己喜欢做的事，使我们看到人生最美丽的风景，享受到生活最美好的感觉，这也是那些面对财富、荣誉都选择放弃，而却去做自

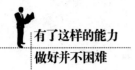
己喜欢的事的主要原因之一。

　　生活中，人们常常会落入这样一个误区当中：在面对看上去很好的事情的时候，就会放弃自己喜欢做的事。其实，很多事情看上去虽然是那么的尽如人意，可它不一定会适合你，当你真正做起来的时候就会发现，一切和自己想象的似乎都不相同，你很难在其中找到乐趣，也无法坚持将其做到最好。适合自己的事不见得非是一件有多么好的事。即便是一件平凡的小事，如果你对它充满兴趣，你一定可以将其做大，同样可以取得不小的成就。

　　李明放弃了唾手可得的高薪工作，准备考研。理由就是虽然接受这份工作可以赚很多的钱，但他并不喜欢这份工作，所以选择考自己喜欢的专业，即使从头再来也不觉得可惜。他的举动让周围的很多人震惊，毕竟他目前的收入比日后选择的那个专业的收入要高。但是，用他的话来说，他希望自己这一生当中做喜欢的事。他选择的那个专业的研究生只招了20名，而他本人也承认，专业知识差得太远。但是，他很坚决，那是他心中的一个梦。为了梦想而放弃优越的物质生活，不能不说是一种勇气。

　　虽然李明选择的工作各方面条件都不是很好，但他非常喜欢，我们也有理由相信他一定能调整心态，创造辉煌。

　　一个真心喜欢自己所做事情的人，他会把自己全部的心思都投入进去，为了将其完成到最好，他可以付出一切。因为，对于那些热爱自己所做事情的人而言，这不仅仅是一份工作，更是他们生命中的一部分，只有将其做好，生活过得才会有意义。

美国内华达州的一所中学曾在入学考试时出过这样一道题目：比尔·盖茨的办公桌上有五个抽屉，里面分别装着财富、兴趣、幸福、荣誉和成功。而比尔·盖茨总带着一把钥匙，其他的四把锁在哪一只或哪几只抽屉里？有一位聪明的同学在美国麦迪逊中学的网页上看到了比尔·盖茨给该校的回信，他说："在你最感兴趣的事物上，隐藏着你人生的秘密。"这无疑是正确的答案。只有兴趣在，你才会热爱自己所做的事情，你才可能会取得成功，才会拥有财富、幸福和荣誉。

钉好每一枚纽扣

皮尔卡丹对他的员工说："如果你能将一枚纽扣钉好，这远比一件粗制的衣服更有价值。"一个成功的制造商说："如果你能做出最好的图钉，那么，你的收入将会比制造劣质的蒸汽机更多。"爱默生也说："如果一个人能够比他的邻居制造出一种更好的捕鼠器，那么即使他住在森林里，世界也会把路铺到他的门前。"

如果你是个书法家，那么你是书法领域里最有造诣的人吗？如果你是个记者，那么你是传媒行业里眼光最敏锐的人吗？如果你是个会计，那么你是这个行业里算账最准确无误的人吗？

做一行，精一行，要做就做最好。只有最好，才能离成功更近一步。

比利时有一个演员叫辛齐格，他在一出著名的基督受难舞台剧中扮演了很多年耶稣，他的演技已经达到了炉火纯青的地步，很多时候在台下观看的观众都觉得自己不是在看一个戏剧，而是在看真正的耶稣。

辛齐格精彩的演技得到了人们的称赞，经常有很多人慕名而来见这位"真正的耶稣"。一次，演出结束后，辛齐格正在后台卸妆，突然走进来一对夫妇，他们说自己远道而来，希望跟他合影留念。辛齐格当即同意了。合影之后，丈夫突然看见一个巨大的木头十字架，这正是辛齐格在舞台上表演时所使用的道具。丈夫觉得新奇，于是要妻子给他照一张他背着十字架的相片。但是当他走过去却发现这个十字架并非他所想象的只是一个道具，它沉重无比，他费了很大劲也没能将它搬动，更别说背到肩上去了。

他使尽全身的力气，累得气喘吁吁也没能将这个十字架背起来。最后，他不得不放弃了。他仔细看这个十字架，发现它是用真正的橡木做成的，难怪它那么沉。

丈夫显然很不理解一个道具为什么要用真的材料来做，他迫不及待地问辛齐格："为什么您每天要背着这么沉重的东西演出呢？道具只要用一个假的不就行了吗？"

辛齐格说："如果用一个假的代替，我就不能感觉到十字架的重量，而耶稣当初受苦的感觉我也无法感知。我要自己的形象是一个真正的耶稣，这样才能达到最好的效果。"

一个已经有很高造诣的人依然不放弃追求更高的目标，依然要求自己的技艺更上一层楼，这种精神不仅是一种对职业本身精益求精的态度，更是一种对生命意义的至高追求。

大音乐家贝多芬是一个对自己要求苛刻的人，他一直不满自己的作品，而且从不放弃对自己的作品进行批判，并且总能在发现不足的时候清楚该在什么地方有所改进，从而让作品更加完美。

直到他在音乐界有了很高的知名度，他的作品已经得到了众多人的认可，他对自己的作品还是不断地挑剔。曾经有一位朋友给他演奏一首他早期的作品，可听完后，他问："这是谁写的曲子？"演奏者说："先生，难道您忘了吗？这是您写的。"他想了一下，显然没有记起是自己所写，他惊讶地说："不可能，这么糟糕的东西居然是我写的？贝多芬，你可真笨！"他自己解释道。

有句古话说："三百六十行，行行出状元。"每一个行业只要做好了，都有希望培养出状元。但是这中间要经过一段艰辛的历程，要使技艺保持一流的水平，就必须让自己在这一行业做到精通，熟悉每一个环节，并且每一个环节都能做到优秀，这样你才能成为一个专家，成为本行业不可或缺的红人。

有一个少年15岁就到一家酒店做杂工，他没什么本领，长得一般，又不是那种聪明机灵、嘴巴甜、讨人喜欢的孩子，他只知道老老实实地做事。尽管天生愚钝，但他从不偷懒，而且总是要求自己做好每一件事。很快，他从打杂开始进到厨房，在大厨师身边切菜，其实，这是给他机会学习做菜，但他却只知道老老实实地切菜，几乎很少看大厨师做菜。大厨师也是个敷衍了事的人，见这孩子如此老实，也懒得理他。但是，这个孩子在切菜的空当，琢磨出了一道非常特别的甜点：他把两只苹果的果肉都放进一只苹果里，这个苹果就立刻丰满了很多，但是从外表上根本看不出是两只苹果拼起来的。它就像天生长成的那样，样子好看，吃起来也特别甜美。

这个甜点后来被老板发现，老板觉得挺好吃，于是把这道菜列入菜单。后来，一位长期住在该酒店的贵妇人发现了这道可口的菜，她非常欣赏这道菜，于是约见了这个小厨师。她希望能在自己每次来酒店住宿的时候都吃到这道菜。

很快，这道菜就被很多客人所喜欢，几乎每一个来到这里的客人都会点这道菜。老板吩咐小厨师别再切菜，允许他可以拿起铲勺炒菜。但是小厨师婉言谢绝了，他说他在没有把原来的那道菜做得更好的情况下，是不会去做其他的菜的。

酒店每年都会裁掉一些员工，但这个不起眼的小厨师却安然无恙。后来老板说，他很欣赏他对工作精益求精的态度，这个态度是做好一切事情的基础。

一个人在职场中一定要做到业务精通，工作精益求精，不满足现状，不断追求卓越，这样才能使自己成为职场中一个重要的角色，才能在成功之路上一路畅通。

敬业才有事业

敬业精神是一个员工走向成功的重要素质之一。南宋哲学家朱熹对于敬业有一句这样的话："敬业者，专心致志以事业也。" 敬业代表了尽职尽责、全力以赴做好自己的本职工作，它是一种积极主动的工作态度。如果要做老板就一定要让自己具备敬业的工作品质。

有的人把工作当成一种交易，认为工作是用自己的劳动付出换取薪水的过程，因此他们对工作抱有一种无所谓的态度，认为工作只不过是为了混口饭吃，做好做坏一个样，那么卖命干吗？挣多了钱老板也不会多给我一分，还不如让自己多歇息一下呢！

抱着这样的态度工作的人比比皆是，这些人按时上下班，工作基本合格，让老板挑不出什么毛病来，但并不能称得上完美。这样的人要想在高手如林的职场中生存下来又有何资本呢？

要做出一番成绩来，必须首先树立一种敬业的精神，把自己的职业当成一生的事业来做，而且要做就做到最好，追求完美，不断进取，而不是敷衍了事，马马虎虎。

有一个外国客人坐上一辆出租车，车内的情况让他大吃一惊：车上铺着干净的地毯，地毯边上还缀着鲜艳的花边；座位上的座套干净整齐；玻璃上贴着世界名画；车窗一尘不染……

外国客人不禁脱口赞叹："真是太干净了，我从没坐过这样干净、漂亮的出租车。"

司机笑着回答："谢谢你的夸奖。"

外国客人又问："你是怎么想到装饰你的出租车的？"

这时司机给外国客人讲了这样的一故事：

"我做出租车司机已经有10余年了，当初我的生意非常差，但我并不知道具体的原因，我只是按常规思路认为是从事这个行业的人太多了，但不久后有一件事改变了我的想法，我也找出了真正的原因。那天晚上，我像往常一样在路上开着车，这种冷清的生意让我感到失望。突然一个人在前方向我招手，我愉快地开过去。可是当这位客人打开车门，想要钻进来时，他的脚下却被什么东西绊住了，由于没有扶好，他一个趔趄摔倒了。当时他非常气恼，马上狠狠地把车门一甩，站起来离开了。我当时感到很尴尬也很无奈，好不容易到手的活儿又跑掉了。我一路沮丧地回家，决心看看是车上的什么东西给我带来了厄运，我打开后座车门一看，发现一个干瘪的矿泉水瓶安静地躺在那里。再看一下周围，哇！车上简直成了垃圾堆：地板上堆满了烟蒂和垃圾，座位或车门把手甚至有一些黏稠的东西。我当时就想，如果我早早地将这些垃圾清理了，也许就可以拉到更多的人，这样一来经济价值也就出来了。"

"于是我买来些装饰品好好地布置了一下。很多人都说车不是你的，是公司的，你费这劲干吗。但是我想我是公司的一分子，我有责任做好自己的本职工作。你看现在，由于我的车干净，很多老客户都会用我的车，由于创造的利润多，公司现在已经让我升职了。"

敬业就是最好的业绩，一个敬业的人是最成熟的人，是最有前途的人，敬业是职场中的生存之道。

比尔刚进公司的时候只是一名普通的生产工人，后来，他主动请缨，申请加入营销行列。由于他工作认真积极，当时经理便同意了，而且各项测试显示他也适合从事营销工作。

当时，公司规模很小，只有30多个人，没有足够的财力和人力，而公司所需要开发的市场却很大。因此，比尔只身一人被派往西部开发市场。在这个城市里，比尔一个人也不认识，吃住都成问题，但对企业的忠诚以及对工作机会的珍惜使他丝毫没有退缩。没有钱乘车，他就步行，一家一家单位去拜访，向他们介绍公司的电器产品。他经常为了等一个约好见面的人而顾不上吃饭，因此落下了胃病。他住的地方更是简陋到了极点，这是一个被闲置的车库，由于只有一扇卷帘门，没有电灯，晚上门一关，屋子里就没有一丝光线，倒有老鼠成群结队地"载歌载舞"。那个城市的春天多有沙尘暴，夏天经常下冰雹，冬天则经常下雨，对于一个装备贫乏的推销员而言，这样的气候无疑是一种严峻的考验。有一回，比尔差点被冰雹击晕。公司的条件差到超乎比尔的想象，有一段时间，连产品宣传资料都供不上，比尔只好买来复印纸，自己用手写宣传资料，好在他写得一手好字。

在这样艰难的条件下，比尔也像其他人一样有过动摇，但每次他都对自己说：这是我的工作，我不能抛弃它。一年后，派往各地的营销人员回到公司——当然，其中有六成人员早已不堪工作艰辛而悄无声息地离职了——比尔的成绩竟然是最好的。

出色的成绩自然能换来丰硕的成果，3年后，比尔被任命为市场总监，这时，公司已经是一个几万人的大型企业了。

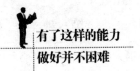

精益求精的精神

不知你是否发现这样一个现象：如果在一场考试中，你只求及格，可能结果往往要差几分。而如果你决心考到前三名，结果可能会考到第四名。因此，"一分耕耘，一分收获"很多时候是无法成立的。很多时候往往是：一分耕耘，零分收获；五分耕耘，四分收获；九分耕耘，八分收获；只有十分耕耘，才有十分收获。将目标定得过低，只能达到比目标还低的水平，而如果我们尽自己的最大努力，在完美的基础上更上一层楼，那么我们就可能达到完美的境地了。我们不仅要发挥才能，还要追求完美——制定高于他人的标准，并且实现它。

欧洲有则著名的寓言，是一个关于马蹄钉的故事。一个马虎大意的将军出征前给战马钉掌时少钉了一个钉子，结果"缺一钉而失马蹄，缺一马蹄而失战马，缺一战马而失战将，缺一战将而遭战争失败，是为失一钉而战败，至国乃亡"。钉子虽小，但它的作用却很大，因此不要小看你认为微不足道的事物，认为缺少了它们事情照样运转，这样马虎的结果只能让事情走向失败。

以小窥大，"小"里蕴含着"大"，沙粒虽小，犹可"一粒沙里看世界"；花朵虽小，犹可"一朵花里见天堂"。任何时候，都不可轻视任何一件看似微小的事物，而是要以认真的态度慎重对待。

魏小娥在海尔工作多年。1997年，33岁的她被派往日本，学习掌握世界上最先进的整体卫生间生产技术。在学习期间，魏小娥注意到，日本人在进行试模期生产时废品率一般都在30%—60%，设备调试正常后，废品率仅为2%。

能做到这种程度，在当时已经是很高的水平了，可是魏小娥却问日本的技术人员"为什么不把合格率提高到100%"？"100%?你觉得可能吗?世界上很少有一样产品做到了100%的水平。"日本人说。从对话中，魏小娥意识到，不是日本人能力不行，而是思想上的桎梏使他们停滞于2%。作为一个海尔人，魏小娥的标准是100%，即"要么不干，要干就要争第一"。她拼命地利用每一分每一秒的时间学习，三周后，她带着先进的技术知识和赶超日本人的信念回到了海尔。

半年之后，日本模具专家宫川先生来回访他的徒弟魏小娥，她此时已是卫浴分厂的厂长。面对着一尘不染的生产现场、操作熟练的员工和100%合格的产品，他惊呆了，反过来向徒弟请教问题。

"有几个问题曾使我绞尽脑汁地想办法解决，但最终没有成功。日本卫浴产品的现场脏乱不堪，我们一直想做得更好一些，但难度太大了。你们是怎样做到现场清洁的?100%的合格率是我们连想都不敢想的，对我们来说，2%的废品率、5%的不良品率天经地义，你们又是怎样提高产品合格率的呢?"

"精益求精。"魏小娥简单的回答又让宫川先生大吃一惊。

为了突破这2%的界限，为了达到完美的境地，魏小娥下班回家后仍然在想怎样解决"毛边"的问题。有一天，她看到女儿正在用卷笔刀削铅笔，铅笔的粉末都落在一个小盒内。魏小娥豁然开朗，顾不上吃饭，就在灯下画起了图纸。第二天，一个专门收集毛边的"废料盒"诞生了，压出板材后清理下来的毛边直接落入盒内，避免了落在工作现场或原料上，也就有效地解决了板材的黑点问题。

1998年4月，海尔在全集团范围内掀起了向魏小娥学习的活动，学习她"追求完美的精神"。

一位总统在得克萨斯州一所学校作演讲时，对学生们说："比其他事情更重要的是，你们需要知道怎样将一件事情做好；与其他有能力做这件事的人相比，如果你能做得更好，那么，你就永远不会失业。"

或许有的人会说："不是人们经常说凡事不要太过认真，要量力而行吗？"是的，生活中有些事是难以达到完美境地的，但是这里说的不要认真的意思是对待一些既成事实不要太过计较，指的是在生活的心境上要心态豁达，并非指我们在做具体的事情时可以马虎大意。开始时，我们要抱着做到最好的决心去做，争取最好，但是如果事与愿违，我们也不要太过计较，而要心胸豁达，只要尽力了，就可以无怨无悔。

无论从事什么职业，都不能抱着差不多的心态做事，而应该不断追求完美，尽量做到精益求精。如果你是工作方面的行家里手，对自己的工作非常精通，总是尽职尽责，那么这无异于你拥有了出人头地的最好武器。

抱着差不多的心态做事，实际上是在无形中降低了对自己的要求，这样生产出来的产品自然也就是粗制滥造的劣质品。而一个对自己要求完美的人，自然就会在同样的工作中生产出质量较高的产品。两者相比，工作成绩的高低自然就十分明了。同时，这也注定了两种不同的事业道路。

看一看我们人类的历史，由于马虎、敷衍、轻率而造成的失误和悲剧数不胜数。20世纪60年代，加拿大的一座桥梁在瞬间崩塌，造成巨大的损失。后来调查的结果表明，是由于桥梁的设计出了问题，直接导致了这起恶性事件的发生。这座桥梁的设计者是谁呢？他是加拿大工学院的一名普通的毕业生。当时在制作数据的过程中，发生了一个小数点的偏差，而这个毕业生害怕受到批评，于是抱着"差不多"的心理，就将数据报告交给了工程部门。事情传出，一时间舆论哗然，人们纷纷指责工学院的不负责任，工学院也为此蒙受了重大的经济损失和信誉损失。后来，工学院为记住这个惨痛的教训，买下这座桥的钢材加工成戒指，将其命名为"耻辱戒指"，目的是让每一个学员都记住马虎大意带来的严重后果。每年学生毕业时，校方都要将一枚"耻辱戒指"连同他们的毕业证书一同颁发给学员，希望他们谨记教训，知耻后勇。

很多人都以为自己做得已经足够好了，是这样吗？你真的已经把事情做得尽善尽美了吗？你真的已经发挥了自己最大的潜能了吗？实际上，人们往往拥有自己都难以估计的巨大潜能。每个人做每一件事都抱着追求完美的精神，那么他的潜能就能够最大限度地发挥出来。

不断学习

工作需要实干家，但是一个只知道埋头苦干，而不知道学习的人永远也做不出大的成绩。

"三人行，必有我师"，我们身边有很多比我们优秀的人，他们的经验、能力是我们学习和借鉴的最好样本。工作中，我们要虚心向身边的人学习，学习他们的长处。比如，你的同事比你工作效率高，这时你就要学习他是如何提高工作效率的，然后在自己的工作中一边学习，一边改进，久而久之，你的工作效率也会提高上去。

大多事业有成的人都具有虚心向他人学习的习惯，他们懂得不学习就等于落后的道理，他们具有常人所没有的远大目光，他们对事物的发展具有前瞻性的长远打算，他们身边聚集了很多各有所长的人，他们向这些人学习，学习他们身上的优点，从而获得更多的信息和成功的机会。

我们都知道诺基亚曾是全球手机市场的巨头，它一度占据了全球手机份额的30%，这在整个手机行业来说已经算是很了不起了。2003年，该公司有2万名员工从事研发活动，在如此众多的研发员工中，要想突出自己，就必须拥有过人之处，让自己具有强于别人的能力。

有一个人在诺基亚研发部工作，他看到这个部门不仅员工众多，而且人才济济，高学历、高能力者大有人在，他想："在这样的团体里，该怎样才能让自己脱颖而出呢？显然，我要时刻有一颗学习的心，要善于从周围的优秀人物身上学习、模仿，才能时时保持先进，不致落后。"从此，当其他人还在抱怨工作辛苦、待遇低的时候，他却在默默地看书，思考问题。

有一天，到了下班时间，其他同事都走了，只有他还待在那里埋头写着什么。此时，经理从这里经过，看到他在那里，就走过去问他在写什么，他老实回答是在写一天的工作总结，这个经理当时没说什么。第二天，经理把他叫到办公室，问他对于这份工作有什么建议，他说："我觉得公司并不缺少劳动力，但是那些有经验并不断学习的人却为数不多，我觉得我们公司十分需要这样的人。"经理听了，觉得他的建议很好，于是决定让他来担任该部门的主任，就这样，他最终从众多员工中脱颖而出，成为诺基亚的法国研发中心主任。

兵书上说："唯有运筹于帷幄之中，才能决胜于千里之外。"运筹帷幄的能力需要学习，需要探索，不然只能是空谈。作为一名员工，只有不断学习先进知识，才能保持领先地位，在众人中脱颖而出。

如今的社会是一个高度信息化的社会，每一分每一秒都会有新的事物产生，新旧事物更替加速，有一项研究表明:现在知识的更新率是10年前的4倍、20年前的6倍，在技术领域其更新率尤为迅速。快速发展的社会要求每个人都有学习新知识的能力，这样才不会被新的时代所淘汰，才能接受新事物，学习新事物，与时代共进。在工作岗位上同样如此，如果一个人只是固守着原来的旧知识，旧方法，不寻找新思路，新方法，那么最终就难免陷入落后的局面。

香港首富李嘉诚能够成为世界华人商业领袖，跟他不断学习紧密相关，他的一生，是"学习改变命运"的最佳写照。

李嘉诚小时候家境贫寒，14岁父亲病逝，他因此早早辍学，负担起整个家庭的生计。他到舅父的钟表公司做小学徒，在这里，他工作十分勤劳，从不偷懒。他以舅父为榜样，尽力做好每一件事。

他学习舅父待人接物的技巧，注意他与人交谈的方式，然后再回头时时揣摩、模仿，而且用笔记住那些生意场上的专业名词、职场用语等，这些知识丰富了他的头脑，为他以后的事业打下了坚实的基础。

此外，他还在每天下班后，到废品收购站去买别人废弃的旧教材，从书本上学习文化知识，弥补学业上的欠缺。

之后，他到五金公司做推销员，在此过程中，他先前从舅父那里学到的东西都派上了用场，在与客户交流中，他总能很快地断定客户的需求层次、性格爱好等，因此，他进步很快，两年后就被提拔为塑胶公司的总经理。

成功后的李嘉诚并没有放弃学习的习惯。青年时他受的正式教育很少，尤其是英语，连26个英文字母都没学全。从此，他开始刻苦学习英语，因为他深知在香港做生意，不学好英语，就不可能干出大事来。之后，经过刻苦的学习，他的英语水平已经取得了很大的进步，其水平甚至比普通的大学生还要高。果然，在他以后做塑胶花生意时，他的英语知识发挥了较大的作用，他订阅了好几种全世界最新的塑胶杂志，以便能够掌握市场的最新动态。在这些外国杂志中，他留意到一部制造塑胶樽的机器，其价格很高，他没有从外国直接购买，而是凭着自学的英文知识研制了这部机器，这件事一度成为佳话。此外，他靠着当初所学的英文知识和外国人做生意，逐渐打开了国际市场。没过几年，他就成了享誉东南亚的"塑胶大王"了。

之后，他依然不断学习，不断充实自己各方面的知识和能力，使自己保持先进水平，这让他在每个年代都成为时代的领军人物。20世纪60年代，李嘉诚大举入市，从塑胶大王变为地产大王；20世纪70年代，公司上市，成为资本市场纵横捭阖的王者；20世纪80年代，他又一举进入电信和网络行业；20世纪90年代，他以140亿美元的价格卖掉英国Orange电信公司，然后大举进入欧洲的3G业务。他旗下的Tom公司，以网络为核心，建立起庞大的传媒帝国。如今，年已古稀的他仍然坚持学习，真正是"活到老，学到老"啊！

作为一名员工，除了学习如何做一个合格、优秀的好员工之外，还要学习如何做一名成功的老板，跟老板学经。

奥普浴霸如今已经成为国内知名的品牌，短短几年，它就取得了飞速发展。这个品牌的创始者方杰，早在澳大利亚留学的时候，就有意识地到澳大利亚最大的灯具公司打工，希望回国之后可以创立自己的公司。进入该公司之后，他发现老板是一个谈判的高手，于是他希望可以学习到老板的谈判经验。

此后，他争取每一个与老板一起进行商业谈判的机会，并且很认真地聆听他们的谈话，并将老板与对方的谈判内容一句句记录下来，

　　然后再带回家仔细揣摩、学习，看看老板是怎样分析问题的，对方是怎样提问，老板又是怎样回答的。这样跟在老板身边不断学习，几年以后，方杰就成了一个商业谈判高手。最后老板退休了，把位子让给了他。1996年，方杰差不多已经成了澳大利亚身价第一的职业经理人。之后，他回国创业。就这样，方杰的奥普浴霸诞生了。

　　现代的市场竞争激烈，固守旧有的思维很难将企业做大做久，只有改变思维，积极创新。每一个公司都在绞尽脑汁不断做出技术、管理上的创新，只有这样才能适应新的市场情况和新的竞争。作为公司组成分子的员工，也必须不断学习，不断更新自己的知识，不断进步。

第九种能力
善于专注地做好一件事

　　如果大多数人集中精力专注于一项工作，他们都能把这项工作做得很好。

　　成大事的人是能够迅速而果断作出决定的人，他们总是首先确定一个明确的目标，并集中精力，专心致志地朝这个目标努力。

　　把你需要做的事想象成是一大排抽屉中的一个小抽屉。不要总想着所有的抽屉，而要将精力集中于你已经打开的那个抽屉。一次只专心地做一件事，全身心地投入并积极地希望它成功，这样你就不会感到筋疲力尽。

做好每一件事

　　一个人放弃了自己的职业素养，就意味着放弃了自身在这个社会上更好的生存机会，就等于在可以自由行进的路上自设路障，摔跤绊倒的也只能是自己。想在工作中取得更好的收益，办法只有一个，那就是全力以赴地投入工作。但遗憾的是，很多人的想法恰恰与此相反，他们认为公司是老板的，自己只是一个普通职员，没必要累死累活地替别人工作。有些人甚至不把工作当一回事，认为工作就是混一口饭吃，他们总是采取一种应变的态度："此处不留爷，自有留爷处"，稍微受一点委屈就跳槽走人，却从不反思自己的过错。事实上，唯有那些真正做到尽职尽责的人才会笑到最后并最终获得别人无法取得的成就。

　　在社会的生存过程中，我们必然会选择从业这条途径为自己争取一席生存之地。无论在哪个行业里工作，我们都不能对自己的工作掉以轻心。如果我们是一个钉纽扣的职员，就应该把钉纽扣的工作干得无可挑剔，完美无缺。而不是觉得自己的工作不够重要，就可以马虎草率，吊儿郎当。所谓三百六十行，行行出状元，就是说无论在什么行业，都会因为极少数人的认真努力而产生优秀的行业领军人物。那

些大多数的人不能成为状元，不是因为他们没有能力，而是他们不够努力。

东京一家商贸公司有一位小姐专门负责为客商购买车票，因为她常给德国一家大公司的商务经理购买来往于东京、大阪之间的火车票，所以考虑到客商的需要，她买票的时候经常会为那位客商买靠窗户的位置。

不久，这位经理发现他每次去大阪时，座位总在右窗口，返回东京时又总在左窗边。这位经理询问这位小姐其中的缘故。小姐笑答道："车去大阪时，富士山在您右边，返回东京时，富士山已到了您的左边。我想外国人都喜欢富士山的壮丽景色，所以我替您买了不同的车票。"就是这种不起眼的小事，让这位德国经理十分感动，于是，他把对这家日本公司的贸易额由500万马克提高到1200万马克。他认为，在这种微不足道的小事上，这家公司的职员都能够想得这么周到，那么，跟他们做生意当然也就没有好担心的了。

与此相反的是，一次，国内的一位旅客乘坐某航空公司的航班由山东飞往上海，连要两杯水后又请求再来一杯，还歉意地说实在口渴，服务小姐的回答让他大失所望："我们飞的是短途，储备的水不足，剩下的还要留着飞北京用呢！"在遭遇了这一"礼遇"之后，那位旅客决定今后不再乘坐这家公司的飞机。

做工作不是以任何态度对待都可以的。前者的态度可以为公司创造更大效益，后者的态度却可以让公司的形象大打折扣，从而给公司造成无可挽回的损失。

　　工作无小事，正如海尔集团张瑞敏所说的那样，把平凡的事干好就是不平凡，就是成功。古人教育我们："一屋不扫，何以扫天下？"这句话永远都是我们应该谨记的工作格言。

做到最好

我们永远都不能做到完美无缺，因为这个世界就是不完美的。但是在不断增强自己的力量、不断提升自己的时候，我们对自己要求的标准会越来越高。这是人类精神的永恒追求。

对于我们来说，顺其自然是平庸无奇的。

哈伯德说过，不要总说别人对你的期望值比你对自己的期望值高。如果哪个人在你所做的工作中找到失误，那么你就不是完美的，你也不需要去找借口。承认这一点并不会损坏你的形象。千万不要挺身而出去捍卫自己。改正失误可以让我们做得更好，当我们可以选择完美时，却为何偏偏选择平庸呢？有些人会说那是因为天性使然。他们可能会说："我的个性不同于你，我并没有你那么强的上进心，那不是我的天性。"

有无数人因为养成了轻视工作、马马虎虎的习惯，以及对手头工作敷衍了事的态度，结果自己的一生都处于社会底层，不能出人头地。这是不敬业者的可怜结局。

在某大型机构一座雄伟的建筑物上，有句让人感动的格言。那句格言是："在此，一切都追求尽善尽美。""追求尽善尽美"值得被当作我们每个人对待这一生的格言，如果每个人都能运用这一格言，实践这一格言，无论做任何事情，都要竭尽全力，以求得尽善尽美的结果，那么你还会担心自己没有生存的机遇吗？

我们的生活中，充满着由于疏忽、畏难、敷衍、偷懒、轻率造成的可怕惨剧。宾夕法尼亚的奥斯汀镇，因为筑堤工程没有照着设计去筑石基，结果堤岸溃决，全镇都被淹没，很多人死于非命。像这种因工作疏忽而引起悲剧，随时都有可能发生。无论在什么地方，只要有人犯疏忽、敷衍、偷懒的错误，就必然会造成许多难以预料的灾难性的后果。如果每个人都能将自己的工作做到最好，那么，许多麻烦就会消失。

实现成功的唯一方法，也是在做事的时候，抱着非做成不可的决心，追求尽善尽美的态度，就能把事业做到最好。如果只是以做到"尚佳"为满意，或是做到半途便停止，那他绝不会成功。

有人曾经说过："轻率和疏忽所造成的祸患不相上下。"许多人之所以失败，就是败在做事轻率的态度上。这些人对于自己所做的工作从来不会做到尽善尽美。所以，他们的失败就是因为缺少认真的态度。

许多人在寻找自我发展的机会时，常常这样问自己："做这种平凡乏味的工作，有什么希望呢？"可是，就是在极其平凡的职业中、极其低微的位置上，往往蕴藏着巨大的机会。只要你能把自己的工作做得比别人更完美、更迅速、更正确，更专注，调动自己全部的智力，使自己有发挥本领的机会，那么，成功就指日可待了。

成功者和失败者的分水岭在于：成功者无论做什么，都力求达到最佳境地，丝毫不会放松；成功者无论做什么职业，都不会轻率疏忽。

再者，你工作的质量往往会决定你生活的质量。在工作中你应该严格要求自己，能完成100%，就不能只完成99%。不论你的工资是高还是低，你都应该保持这种良好的工作作风。每个人都应该把自己看成是一名杰出的艺术家，而不是一个平庸的人，应该永远带着热情和信心去工作。而不要满足于尚可的工作表现，只有力争做最好的自己，你才能成就自己。

注重每一个细节

犹太人认为，应该重视细节同整体、同大事、同战略决策的关系。不要只是一味地认为，细小、微不足道就可以忽略不计。我们要看到种种大事都是因细节的存在而存在的。因为任何整体都是由具体的小事构成的，任何事都是建立在细节之上的。尤其是在工作中，每一个细节都直接关系到下一个工作步骤的执行。把每一个细节做到位，尽职尽责地履行自己的职责是每一个员工都应该做到的。

其实，很多企业能够在风雨中长盛不衰，其主要原因就是因为他们对待细节的态度和处理细节的不同造成的。企业只有注意细节，在每一个细节上下够功夫，才能全面提高市场的竞争力，发展越来越好。对于员工而言，注重细节的把握同样重要。

把自己最认真最积极的态度拿出来，使自己做出来的工作能抓住人心，这样，即使你的工作做完以后，虽然在当时无法引起人的注意，久而久之，这种极其认真的工作态度也会给你带来巨大的收益。由此看来，关注细节对一个人的成功发展是非常必要的。

罗丹答应在他的工作室中陪同朋友看自己的雕塑，而他自己却在刚进工作室时就开始了自己的工作。完全忘记了自己的朋友依然一个人站在工作室里看他重新润色自己的作品。朋友看了很长时间，实在有点忍不住了，就问他为什么一件雕塑要重复修整多次。罗丹这才意识到自己没有照顾到朋友的感情。于是满怀歉意地对朋友说："对不起，你看我一进来就忘记了所有的事情。我在这个地方做润色，是因为想使那儿变得更加光彩些，使面部表情更柔和些，使那块肌肉更显得强健有力。然后，使嘴唇更富有表情，使全身更显得有力度。"

那位朋友听了不禁说道："但这些都是些琐碎之处，不大引人注目啊！"

罗丹却回答道："情形也许如此，但你要知道，正是这些细小之处才使整个作品趋于完美，而要让一件作品达到完美，它的细小之处可是不能不注意的。"

工作不就是这样吗？我们想把每件事都做得很完美，但我们又不能完全的注意到那些细小之处，所以我们做的事都还不能算得上完美。世上那些成就非凡的大人物总是在细微之处用心，在细微之处着力，也只有像他们这样日积月累，才能最终达到成功。

从成功到灾难，只有一步之差。用拿破仑的话说就是"危机中，一些细节往往决定全局"。事业必作于细。这是企业竞争、员工竞争的必然趋势。不注意细节的员工必然会失去竞争的优势。

精于业 敬于业

精于业一种能力，敬于业是一种态度。精于业的人，人人羡慕；敬于业的人，人人怀疑。但没有敬业，如何能够精于业？敬于业是精于业的开始，不要说你付出了很多，很敬业。如果你不能敬业，你就无法让自己得到令人羡慕的本领，就永远都不可能精于业。敬业的目的是精于业，而不是知道皮毛就足矣。

一位总统在得克萨斯州一所学校作演讲时，对学生们说："比其他事情更重要的是，你们需要知道怎样将一件事情做好；与其他有能力做这件事的人相比，如果你能做得更好，那么，你就永远不会失业。"也就是说，知道如何做好一件事，比对很多事情都懂一点皮毛要强得多。

一个成功的经营者说："如果你能真正制好一枚别针，应该比你制造出一辆粗陋的蒸汽机赚到的钱更多。"

许多人都曾为一个问题而困惑不解：明明自己比他人更有能力，付出更多，但是成就却远远落后于他人。其实，这根本就是不应该遭到质疑的。

在任何差距面前，我们都应该先问问自己：自己是否真的走在前进的道路上？自己是否像艺术家那样对自己所从事的事业充满了神圣的激情，付出了最大的努力？是否在自己的职业领域把每一个细节问题都弄得清清楚楚了？为了增加自己的知识面，是否认真阅读过专业方面的书籍？在自己的工作领域你是否做到了尽职尽责?如果你对这些问题无法作出肯定的回答，那么这就是你无法取胜的原因。

无论从事什么职业，都应该精通它。下决心掌握自己职业领域的所有问题，使自己变得比他人更精通，就能赢得良好的声誉，也就拥有了一种潜在成功的秘密武器。

某人就个人努力与成功之间的关系请教一位伟人："你是如何完成如此多的工作的?"回答是："我在一段时间内只会集中精力做一件事，但我会彻底做好它。"

如果你对自己的工作没有做充分的准备，又怎能因自己的失败而责怪他人、责怪社会呢?现在，最需要做到的就是"精通"二字。而要做到精通就必须敬业。大自然要经过千百年的进化，才长出一朵艳丽的花朵和一颗饱满的果实。人要经过无数次的填补能力空白才可以达到精通于术业的高度。一个不敬业的人注定会是一个失败者，家人和同事也会为他们感到沮丧和失望。如果这种人成为领导，将会造成更恶劣的影响，其下属也必定会受这种恶习的传染，当他们看到上司不是一个尽心尽职、精益求精、细心周密的人时，往往会群起而效仿。这样一来，个人的缺陷和弱点就会渗透到整个事业中去，影响公司的发展。

做事一丝不苟的精神能够迅速培养起一个人严谨的品格，使其获得超凡的智能。它既能带领普通人往好的方向前进，也能鼓舞优秀的人追求更高的境界。无论做任何事，务必竭尽全力，因为它可以决定一个人日后事业上的成败。一个人一旦领悟了这一秘诀，他就等于他已经掌握了打开成功之门的钥匙，就能在敬业的基础上精于业，就会获得不小的成就。

一次只做一件事

一次只做一件事，是很多人成功的秘诀。他们知道如何把自己的时间和精力分配到最有价值的事务上，心无旁骛地处理好手头的工作。用这个方法，比尔·盖茨7岁就通读了百科全书，他从来不去想厚厚的一叠书本到底有多少还要读，他只知道，读好每一页，看好每一篇。后来，他做图书馆管理员助理的时候，再次表现出这种品质：面对散乱多年而无人能够整理的一所图书馆，比尔·盖茨没有抱怨和退缩，他一本一本地整理四下散落的图书，把它们登记造册，放回正确书架。数万本书就这样一点一点被码放好。多年后，与他一起工作的管理员回忆说："当时，我感觉这个孩子将来一定会成为伟大的人物。"

所以，在未来的挑战中，告诉自己，全神贯注于眼前的任务，不要让纷繁的表象把你吓住。一个人在工作中常常难以避免被各种琐事、杂事所纠缠。有不少人由于没有掌握高效能的工作方法，反而被这些事弄得筋疲力尽，心烦意乱，总是不能静下心来去做最该做的事，或者是被那些看似急迫的事所蒙蔽，根本就不知道哪些是最应该做的事，结果白白浪费了大好时光，致使工作效率不高，效能不显著。所以，我们有必要看一看那些工作出色的人是怎么对待自己繁忙的工作的。纽约中央火车站的问询处每一天都是人山人海，匆匆的旅客都争抢着询问自己的问题，希望能够立即获得答案。所以问询处的服务人员工作的紧张程度与压力就可想而知了。疲于应对可能是他们的共同感受。可柜台后面的那位服务人员却是个例外，他看起来一点也不紧张，这实在是令人不可思议。这位服务人员身材瘦小，戴着眼镜，一副文弱的样子，却要面对大量缺乏耐心和混乱的旅客，让人很难想象在如此巨大的压力面前他还能镇定自若。

在他面前的旅客，是一个矮胖的妇女，头上戴着一条头巾，已被汗水湿透，她的脸上充满了焦虑与不安。询问处的先生倾斜着半身，以便能倾听她的声音。"是的，你要问什么？"他把头抬高，集中精神，透过他的厚镜片看着这位妇人，"你要去哪里？"

这时，有位穿着入时，一手提着皮箱，头上戴着昂贵帽子的男子，试图插话进来。但是，这位服务人员却旁若无人，只是继续和这位妇人说话："你要去哪里？""春田。""是俄亥俄州的春田吗？""不，是马萨诸塞州的春田。"他根本不需要看行车时刻表，就说："那班车是在十分钟之内，在第十五号月台出车。你不用跑，时间还多得很。""你说是十五号月台吗？""是的，太太。""十五号？""是的，十五号。"

女人转身离开，这位先生立刻将注意力移到下一位客人——戴帽子的那位旅客身上。但是，没多长久，那位太太又回头来问一次月台号码。"你刚才说是十五号月台吗？"这一次，这位服务人员集中精

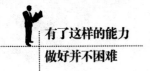
力在下一位旅客的身上，不再管这位头上扎丝巾的太太了。

有人询问那位服务人员："能否告诉我，你是如何做到并保持冷静的呢？"

那个人这样回答："我并没有和公众打交道，我只是单纯处理一位旅客。忙完一位，才换下一位。在一整天之中，我一次只服务一位旅客。"

"在一整天里，一次只为一位旅客服务。"许多人在工作中把自己搞得疲惫不堪，而且效率低下，很大程度上就在于他们没有掌握这个简单的工作方法："一次只能解决一件事。"他们总试图让自己具有高效率，一次想做很多事，而结果却往往适得其反。

"一次只做一件事"，就意味着集中目标，不轻易被其他诱惑所动摇，经常改换目标，见异思迁或是四面出击，往往不会有好结果。"一次只做一件事"还意味着一个人在某一段时间里只能把精力集中于一件事情，把一件事做到底，纵观成功与失败的案例，大约有50%的情况是由于半途而废，未能坚持下去所致。"人人都能成功"，其中最重要的诀窍之一就是一次只做一件事，把一件事做到底。目标集中，坚定地走向目标，这是事业成功的基本保证。